青藏高原两栖爬行动物多样性研究丛书

青藏高原蛇类

Snakes in Qinghai-Xizang Plateau

郭 鹏 车 静◎主编

科学出版社
北京

内 容 简 介

本书基于对青藏高原多个区域的系统调查，结合国内外最新研究进展，对分布于我国青藏高原地区的蛇类进行了记述。本书共记录蛇亚目 13 科 45 属 118 种，包括各物种的中文名、拉丁学名、英文名、鉴别特征、生物学信息、地理分布及濒危等级和保护级别等信息，并附有每个物种的照片。

本书可供两栖爬行动物研究者、高等院校相关专业师生、农林管理部门工作者、环保工作者、蛇伤救治医务人员、爬行动物爱好者等参阅。

图书在版编目（CIP）数据

青藏高原蛇类 / 郭鹏，车静主编. —北京：科学出版社，2024.2
ISBN 978-7-03-077715-7

Ⅰ.①青⋯　Ⅱ.①郭⋯　②车⋯　Ⅲ.①青藏高原–蛇–介绍　Ⅳ.①Q959.6

中国国家版本馆CIP数据核字（2024）第012007号

责任编辑：王海光　付　聪／责任校对：郑金红
责任印制：肖　兴／封面设计：无极书装

科 学 出 版 社 出版

北京东黄城根北街16号
邮政编码：100717
http://www.sciencep.com

北京汇瑞嘉合文化发展有限公司 印刷

科学出版社发行　　各地新华书店经销

*

2024年2月第 一 版　　开本：889×1194　1/16
2024年2月第一次印刷　　印张：15 3/4
字数：506 000

定价：298.00元

（如有印装质量问题，我社负责调换）

饮其流者怀其源 学有成时念吾师

谨以此书深切缅怀我们的恩师赵尔宓院士（1930—2016）

作者简介

郭 鹏

ybguop@163.com

博士，宜宾学院教授。担任四川省动物学会常务理事、中国动物学会两栖爬行学分会理事。主要从事两栖爬行动物分子系统、形态进化及种群遗传等方面的教学和研究。发表蛇类新种 15 个、新属 1 个，蛙类新种 2 个。在 *Molecular Ecology* 等学术刊物发表论文 120 余篇，完成学术著作《中国蝮蛇》。获评"四川省五一劳动奖章""四川省有突出贡献的优秀专家""四川省学术和技术带头人后备人选""四川省优秀教师"；入选教育部"新世纪优秀人才支持计划"和"四川省杰出青年学科带头人培养对象"。主持国家自然科学基金项目及省部级科研项目 10 余项；获四川省科学技术进步奖三等奖 1 项。

车 静

chej@mail.kiz.ac.cn

博士，中国科学院昆明动物研究所研究员。现任中国动物学会两栖爬行学分会副理事长、世界两栖爬行动物学大会执委，美国鱼类和两栖爬行动物联合学会（ASIH）终身外籍荣誉会员。

立足中国西南地区及东南亚丰富的两栖爬行动物多样性资源，开展系统分类、区系演化、物种形成机制，以及濒危物种保护研究工作。发表两栖爬行动物新纪录科 1 个、新属 3 个和新种 70 余个。在 *Science*、*PNAS*、*Systematic Biology*、*Current Biology*、*National Science Review* 等学术期刊发表论文 130 余篇；牵头完成专著 1 部——《西藏两栖爬行动物——多样性与进化》。入选第四批国家"万人计划"科技创新领军人才；国家自然科学基金委员会杰出青年科学基金、优秀青年科学基金获得者；国家重点研发计划项目首席。获第十八届中国青年女科学家奖。

丛 书 序

  青藏高原是世界上面积最大、海拔最高的高原，也是最年轻的高原，被称为"世界屋脊""地球第三极"。青藏高原范围涉及中国、不丹、尼泊尔、印度等多个国家的部分或全部，其中超过 80% 的面积位于我国西藏、青海、甘肃、四川、云南和新疆 6 省（区）。青藏高原大川密布，地势险峻多变，地形复杂多样，是水平地带性和垂直地带性紧密结合的自然地理单元，是研究地球环境变迁与生命演化的"天然实验室"。

  1973 年，中国科学院青藏高原综合科学考察队正式组建成立，拉开了青藏高原大规模综合考察的序幕，即第一次青藏高原综合科学考察。本人有幸参加了此次科考。历时多年，第一次青藏高原综合科学考察得以完成，其成果"青藏高原科学考察丛书"中涉及两栖爬行动物的是《西藏两栖爬行动物》。这次科考关于两栖爬行动物的研究成果还有《横断山区两栖爬行动物》。这些工作，初步揭开了青藏高原生物多样性的神秘面纱，填补了我国在该区域生物多样性研究的空白。此后，国内不少单位和科研团队相继在青藏高原某些特定区域或针对某些两栖爬行动物特定类群开展考察和深入研究，获取了大量物种基础资料。

  两栖爬行动物是生物多样性的重要组成部分。两栖类是由水生到陆栖的过渡类群，而爬行类则实现了真正意义上的登陆。因此，两栖爬行动物极具科学研究价值，同时还具有重要的生态、药用、经济、美学等价值，与我们的生活、生产息息相关。然而，受全球气候变化及人类活动不断加剧的影响，两栖爬行动物的生存面临极大的挑战，青藏高原的两栖爬行动物也不例外。

  中国科学院昆明动物研究所车静研究员和宜宾学院郭鹏教授师从我国两栖爬行动物学家赵尔宓院士和动物进化遗传学家张亚平院士，长期从事我国两栖爬行动物多样性、演化及保护研究。他们带领的研究团队也是第二次青藏高原综合科学考察研究的骨干团队。目前，在项目支持下，两个团队经过多年扎实的工作，已经完成对我国青藏高原两栖爬行动物物种多样性的系统梳理，联合编撰了"青藏高原两栖爬行动物多样性研究丛书"。该丛书包括《青藏高原蛇类》、《青藏高原蜥蜴类》和《青藏高原两栖类》，共 3 册。每个物种均记述了中文名、拉丁学名、英文名、鉴别特征、生物学信息、地理分布及濒危等级和保护级别等信息，并附有每个物种的照片。

  作为一名"老青藏"，我长期关注该地区动物学的研究进展。该丛书内容简洁，图文并茂，是第二次青藏高原综合科学考察的重要研究成果之一。该丛书的出版无疑将推动我们对青藏高原地区两栖爬行动物的进一步认识，促进该地区生物多样性的保护和可持续利用。我非常乐意为该丛书作序，并向大家推荐此丛书。

陈宜瑜

中国科学院院士

2023 年 12 月 31 日

前　言

　　生物多样性是生物及其环境形成的生态复合体以及与此相关的各种生态过程的总和。生物多样性关系人类福祉，是人类赖以生存和发展的重要基础。近年来，受全球气候变化、栖息地丧失和破碎化、人类过度利用与消费、生物入侵等的影响，全球生物多样性正面临前所未有的巨大挑战，形成了全球范围的生物多样性危机，极大影响了人类社会的可持续发展。

　　我国是生物多样性最丰富的国家之一，《中国生物物种名录》（2022 版）已描述物种约 14 万种。随着调查的深入和新技术的广泛应用，大量的新种仍不断被发现和描述。就两栖爬行动物而言，一方面，我们对其物种多样性的认识仍存在不足（Murphy，2016）；另一方面，其物种受威胁程度已引发国内外广泛关注，《中国生物多样性红色名录：脊椎动物 第三卷 爬行动物》（王跃招，2021）和《中国生物多样性红色名录：脊椎动物 第四卷 两栖动物》（江建平和谢锋，2021）相继出版，世界自然保护联盟受威胁物种红色名录（IUCN 红色名录，https://www.iucnredlist.org/）也已发布。

　　蛇类（有鳞目：蛇亚目）是爬行纲中一个重要类群。蛇类作为生态系统的重要组成部分，在维系生态系统的稳定和平衡中具有重要作用；同时，蛇类还具有重要的医药、经济和美学等价值，为人类的可持续发展提供了重要资源。截至 2022 年 12 月底，全世界已记录蛇类 3900 多种（爬行动物数据库，http://www.reptile-database.org/），其中，我国记录 307 种，约占世界蛇类物种数的 7.73%。

　　作为"青藏高原两栖爬行动物多样性研究丛书"之一，本书聚焦于青藏高原的蛇类。有关青藏高原蛇类多样性的研究，前期主要以野外调查为主，研究较为零星。我国学者开展青藏高原蛇类多样性研究始于 20 世纪中后期。20 世纪 70 年代，中国科学院组织了第一次青藏高原综合科学考察，其中对西藏地区两栖爬行动物的考察工作始于 1973 年。1987 年，由胡淑琴主编的《西藏两栖爬行动物》对涉及西藏地区的 4 次两栖爬行动物调查结果进行了总结和报道，共记述两栖动物 44 种、爬行动物 55 种，其中蛇类 4 科 22 属 32 种。1997 年，由赵尔宓和杨大同主编的《横断山区两栖爬行动物》共记述两栖动物 57 种、爬行动物 117 种，其中横断山区蛇类 83 种，隶属于 6 科 36 属。2004 年，沈阳师范大学组织国内多个单位学者对西藏地区的两栖爬行动物进行调查，并于 2010 年完成了《西藏两栖爬行动物多样性》，共记述两栖动物 50 种、爬行动物 64 种，其中包括西藏蛇类 38 种，隶属于 3 科 26 属。随后，自 2010 年起，中国科学院昆明动物研究所历时 9 年，先后组织 23 次西藏地区的科学考察，获得了大量一手研究资料，并对西藏两栖爬行动物多样性进行了系统、全面研究，于 2020 年编撰完成了《西藏两栖爬行动物——多样性与进化》，共记述两栖动物 60 种、爬行动物 79 种，其中蛇类 5 科 27 属 43 种，为读者提供了较为全面的形态学描述、测量数据和相关生物学资料，并首次系统且图文并茂地呈现了包括蛇类在内的西藏两栖爬行动物的分类地位和演化关系。

　　自 20 世纪末开始，国内其他单位学者根据自己的研究类群也相继在青藏高原不同地区开展了考察和研究，这些工作多以研究论文或考察报告的形式发表，相关研究成果在此不再一一赘述。

　　青藏高原地域广袤，地形复杂，气候恶劣，很多地区早期交通不便，先前的多次科学考察也主要集中在西藏，尤其是西藏东南部，而对我国青藏高原其他区域的考察则较为零星。青藏高原作为一个整体，目前国内外尚没有区域内蛇类生物多样性的总体研究报道。因此，编撰一部我国青藏高原地区的蛇类多样性著作，及时反映青藏高原蛇类多样性研究成果，显得非常迫切和必要。

2017年，第二次青藏高原综合科学考察研究正式启动。宜宾学院和中国科学院昆明动物研究所有幸参与了这一重大科研项目。在项目支持下，我们（郭鹏团队和车静团队）分别对青藏高原多个区域开展了深入和系统的调查，获得了大量数据和影像资料。我们在调查数据的基础上，结合前期研究进展，对青藏高原区域的蛇类多样性进行了认真梳理，并与相应省（区）的地方志和图鉴，如《四川爬行类原色图鉴》（赵尔宓，2003）、《新疆两栖爬行动物》（张鹏和袁国映，2005）、《云南两栖爬行动物》（杨大同，2008）、《甘肃两栖爬行动物》（姚崇勇和龚大洁，2012）进行核对，最终形成本书。截至2022年12月31日，本书共记录我国青藏高原区域内蛇类118种，隶属于13科45属。

关于本书，有几个需要说明的问题。

1）我国青藏高原的范围和地理界限：主要基于张镱锂等（2021）的论述。我们利用ArcMap 10.8.1将青藏高原界线（张镱锂等，2021）与基础地理信息数据进行叠加确定了其在我国境内的准确范围。在行政区划上，共涉及6个省（区）220个县（市、区），具体见附表。

2）物种分布范围：随着研究的不断深入，物种分布区域在发生变化。考虑到数据的可操作性，物种在青藏高原所辖县级行政区内分布则认为该物种分布于青藏高原。

3）蛇类分类系统：主要参考王剀等（2020）和郭鹏等（2022）关于蛇类的分类系统。

4）濒危等级：参考IUCN红色名录（2022）。

5）保护级别：参考《国家重点保护野生动物名录》（国家林业和草原局2021年2月发布）。

6）参考文献：本书文献资料的收集截至2022年12月31日。考虑篇幅的限制，文末仅列出主要参考文献。

本书主体内容由郭鹏、刘芹、吴亚勇、舒国成完成；青藏高原的范围、物种多样性名录及物种分布范围确定主要由车静和卢宸祺完成。全文最后由郭鹏和车静统稿和审定。

限于编者水平，书中难免存在疏漏和不足之处，恳请广大读者理解，并期待大家批评、指正。

2023年10月18日

致　谢

本书的完成得益于宜宾学院郭鹏团队和中国科学院昆明动物研究所车静团队众多师生和工作人员多年的野外工作和研究积累。除本书作者外，两个团队的其他师生（郭鹏团队：赵成、祝非、徐炎、钟光辉、胡健、王平、谢雨林、谢昕宏、李科、王家俊、曾杨妹、李凌、张鹤、谭宋文、舒服、鞠文斌、杨一敏、王恋、付鑫、练涛、唐奎、张虎、张德勇等；车静团队：陈进民、金洁琼、吴云鹤、颜芳、张宝林等）通过参与野外考察为本书提供了大量的基础资料（包括标本、照片）和数据，感谢他们的付出。

此外，感谢国内外专家、学者、同行提供文献资料或物种照片。他们是蔡波、陈尽、丁利、郭克疾、侯勉、黄俊杰、黄松、李辰亮、李成、吕顺清、潘虎君、任金龙、史静耸、王广力、王帅、王聿凡、吴超、吴铠岐、杨军、姚忠祎、袁智勇、赵蕙、周正彦、Abhijit Das（印度）、Andreas Gumprecht（德国）、Anita Malhotra（英国）、Ashok Captain（印度）、Ashok Kumar Mallik（印度）、Bharat Bhushan Bhatt（印度）、Frank Tillack（德国）、Gernot Vogel（德国）、Jayaditya Purkayastha（印度）、Patrick David（法国）、Rohan Pandit（印度）、Thamos Ziegler（德国）、Vishal Santra（印度）、Wolfgang Wüster（英国）、Zeeshan A. Mirza（印度）。

本书相关工作的完成得益于以下项目的资助：第二次青藏高原综合科学考察研究（2019QZKK0501）、国家重点研发计划项目（2022YFC2602500）、科技基础性工作专项（2021FY100203）、西藏重点区域野生动植物资源调查（ZL202203601）、中国科学院 A 类战略性先导科技专项（XDA20050201）、中国科学院中国生物多样性监测与研究网络项目、国家自然科学基金项目（NSFC 31372152、NSFC 30970334、NSFC 30670236、NSFC 32000308）、四川省科技计划省院省校科技合作项目（2020YFSY0033）、四川省教育厅创新团队项目（13TD0027）、教育部"新世纪优秀人才支持计划"（NCET08-0908）、四川省杰出青年学科带头人培养计划（2008-06-346）、英国皇家学会国际合作项目（2006 R1/JP）、国家重大科技基础设施专项（中国西南野生生物种质资源库动物分库）、云南省重大科技专项（202102AA310055）、云南省重点研发计划项目（202103AC100003）、云南省国家重点保护两栖爬行动物本底资源补充调查和评估（2022GF258D-10）、云南省兴滇英才支持计划云岭学者专项及云南省高黎贡山生物多样性与生态安全重点实验室项目。在此，对以上支持表示诚挚的谢意！

感谢本书编写单位——宜宾学院和中国科学院昆明动物研究所对本书出版的高度重视和大力支持！

陈宜瑜院士在百忙之中审阅本书，并不吝为丛书作序，深表感谢！

目　录

蚺科 Boidae　　　　　　　　　　　　　沙蚺属 *Eryx* Daudin, 1803

🐍 红沙蚺
Eryx miliaris (Pallas, 1773)

【英文名】Dwarf Sand Boa、Desert Sand Boa、Tartar Sand Boa

【鉴别特征】体型粗短，头与颈部区分不明显；身体背部被覆小鳞片；眼小，开口侧位。眶间距与眼眶后缘到口角的距离相等或略小。鼻间鳞后有3或4枚鳞片。眼与鼻鳞之间具有3或4枚鳞片。第2枚上唇鳞低于第3枚。身体背面灰色或者沙褐色，具不规则黑色横斑；腹面淡乳白色，有大量深黑色斑块。尾短，末端钝圆。

【生物学信息】卵胎生，每次产仔6～8条。栖息于沙漠或者黄土高原；白天隐居于泥土或者覆盖物下，凌晨出来活动和觅食。主要以蜥蜴和小型啮齿动物为食，幼蛇以昆虫为食。

【地理分布】青藏高原分布于甘肃（张掖市、武威市）。我国分布于甘肃、内蒙古、新疆、宁夏。国外分布于里海沿岸多国。

【濒危等级和保护级别】IUCN红色名录（2022）：无危（LC）；国家重点保护野生动物名录（2021）：国家二级。

红沙蚺（郭鹏拍摄于新疆吐鲁番市）

红沙蚺（郭鹏拍摄于新疆）

红沙蚺（郭鹏拍摄于新疆）

红沙蚺（郭鹏拍摄于新疆乌鲁木齐市）

红沙蚺头部背面观（左）、头部侧面观（右上）和身体腹面观（右下）（郭鹏拍摄于新疆吐鲁番市）

红沙蚺（郭鹏拍摄于新疆吐鲁番市）

红沙蚺半阴茎（郭鹏拍摄于新疆克拉玛依市）

方花蛇（侯勉拍摄于广东乳源瑶族自治县）　　　　方花蛇（丁利拍摄）

方花蛇（王剀拍摄于云南泸水市）

游蛇科**Colubridae** ▶ 林蛇属*Boiga* Fitzinger, 1826

🍃 东伽马林蛇

Boiga gocool (Gray, 1834)

【英文名】Arrowback Tree Snake

【鉴别特征】身体细长；头大，头部与颈部分区明显。眶前鳞 1 或 2 枚；眶后鳞 1 或 2 枚。上唇鳞 8 枚，第 3～第 5 枚与眼眶接触。额片 2 对，后额片接触。背鳞 21（19）-21（19）-17 行，平滑无棱；脊鳞明显增大。腹鳞 219～232 枚；肛鳞完整；尾下鳞 87～103 对。头背面有一大的边缘黑色的褐色箭形斑，眼后至口角有一黑色条纹。身体背面黄褐色；两侧各有呈"Y"形或"T"形斑，中间有一浅色嵴线；腹面白色，腹鳞两侧具黑点。

【生物学信息】卵生。栖息于中高山的林区；夜间活动，树栖。主要以小型兽类为食。

【地理分布】青藏高原分布于西藏（错那市、墨脱县、察隅县）。我国分布于西藏。国外分布于印度、缅甸、不丹、孟加拉国。

【濒危等级和保护级别】IUCN 红色名录（2022）：未予评估（NE）；国家重点保护野生动物名录（2021）：未列入。

东伽马林蛇（Jayaditya Purkayastha 拍摄）

游蛇科Colubridae 　　　　　　　　　林蛇属*Boiga* Fitzinger, 1826

绞花林蛇

Boiga kraepelini Stejneger, 1902

【英文名】Kelung Cat Snake

【鉴别特征】身体细长。颊鳞1枚，不入眶；眶前鳞2枚；眶后鳞2枚。上唇鳞9枚；下唇鳞11～14枚。背鳞平滑，23-21-17行为主；脊鳞不扩大，其余斜形排列。腹鳞220～239枚；肛鳞二分；尾下鳞126～147对。头背面有深棕色、尖端向前的"∧"形斑，始自吻端，分支于口颌角。身体背面灰褐色或浅紫褐色。尾正背有1列粗大而不规则、镶黄边的深棕色斑；腹面白色，密布棕褐色或浅紫褐色点。

【生物学信息】卵生。栖息于丘陵和山区，喜攀缘；常见于溪沟旁灌木上或茶山矮树上。以鸟、鸟卵和蜥蜴等为食。

【地理分布】青藏高原分布于甘肃（文县）。我国广泛分布于西南、华南地区。国外分布于越南和老挝。

【濒危等级和保护级别】IUCN 红色名录（2022）：无危（LC）；国家重点保护野生动物名录（2021）：未列入。

绞花林蛇（郭鹏拍摄于四川青川县）

绞花林蛇（郭鹏拍摄于四川青川县）

绞花林蛇（郭鹏拍摄于四川青川县）

绞花林蛇（李科拍摄于四川青川县）

游蛇科Colubridae 林蛇属Boiga Fitzinger, 1826

繁花林蛇

Boiga multomaculata (Boie, 1827)

【英文名】Many-spotted Cat Snake、Large-spotted Cat Snake

【鉴别特征】身体细长。颊鳞 1 枚；眶前鳞 1 枚；眶后鳞 2 枚；颞鳞 2+2 枚。上唇鳞 8 枚；下唇鳞 11 枚。背鳞平滑无棱，19-19-13 行，斜行排列；脊鳞显著大于相邻背鳞。腹鳞 196～230 枚；肛鳞二分；尾下鳞 72～98 对。头背面有一深棕色尖端向前的"∧"形斑，始自吻端，分支达枕部；另有 2 条深棕色纵纹自吻端分别沿头侧经眼后斜达颌角。身体背面浅褐色，正背有深棕色粗大斑 2 列，彼此交错排列，体侧各有 1 列小的深棕色斑。

【生物学信息】卵生。栖息于山麓平原或丘陵林木茂盛的地方，喜攀缘；夜间常见于公路上。以鸟、树蜥等为食。

【地理分布】青藏高原分布于云南（福贡县、泸水市）。我国广泛分布于西南、华南、华东等地区。国外分布于孟加拉国、印度尼西亚、马来西亚、柬埔寨、泰国、越南、缅甸、印度、老挝、新加坡。

【濒危等级和保护级别】IUCN 红色名录（2022）：无危（LC）；国家重点保护野生动物名录（2021）：未列入。

繁花林蛇（郭鹏拍摄于贵州望谟县）

繁花林蛇（郭鹏拍摄于贵州望谟县）

繁花林蛇（Gernot Vogel 拍摄）

繁花林蛇（郭鹏拍摄于贵州望谟县）

繁花林蛇（钟光辉拍摄于云南蒙自市）

游蛇科Colubridae | 翠青蛇属 *Cyclophiops* Boulenger, 1888

翠青蛇
Cyclophiops major (Günther, 1858)

【英文名】Chinese Green Snake

【鉴别特征】头部与颈部区分明显。颊鳞1枚；眶前鳞1枚；眶后鳞2枚；颞鳞1+2枚。上唇鳞8（3-2-3）枚；下唇鳞6枚，前4枚切前颌片。颌片2对。背鳞15-15-15行，平滑无棱。腹鳞155～186枚；肛鳞二分；尾下鳞61～93对。头、身体及尾背面纯绿色；唇部、身体及尾腹面浅黄绿色。

【生物学信息】卵生。栖息于海拔1700米以下的平原、丘陵和山区；常见于农耕区路边、河畔、草丛中。以蚯蚓、昆虫幼虫等为食。

【地理分布】青藏高原分布于甘肃（文县）、四川（北川羌族自治县、绵竹市、什邡市、九寨沟县）。我国广泛分布。国外分布于越南。

【濒危等级和保护级别】IUCN红色名录（2022）：无危（LC）；国家重点保护野生动物名录（2021）：未列入。

翠青蛇（郭鹏拍摄于四川青川县）

翠青蛇（郭鹏拍摄于安徽黄山市）

翠青蛇半阴茎（郭鹏拍摄）

翠青蛇（郭鹏拍摄于四川叙永县）

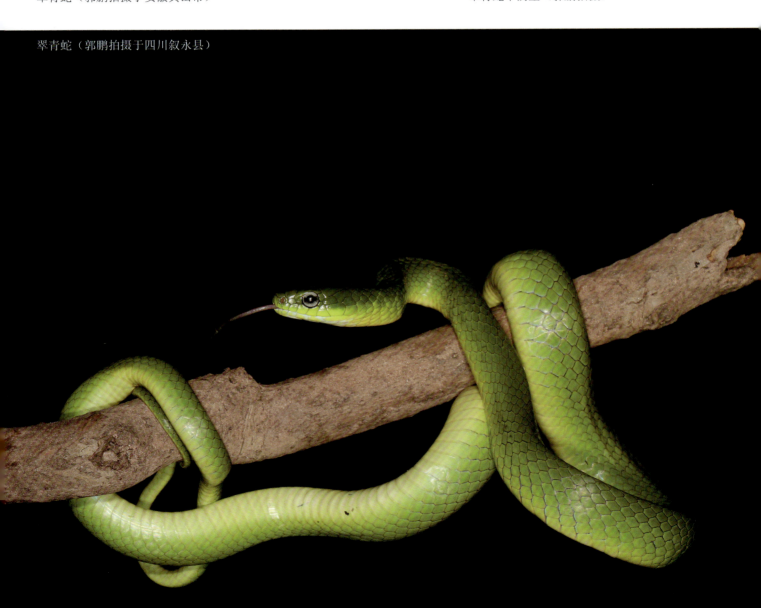

| 游蛇科Colubridae | 过树蛇属*Dendrelaphis* Boulenger, 1890 |

喜山过树蛇

Dendrelaphis biloreatus Wall, 1908

【英文名】Gore's Bronzeback

【鉴别特征】身体细长；尾具缠绕性。鼻间鳞2枚；前额鳞2枚；额鳞1枚，较长。鼻鳞2枚，几乎等大；颊鳞1或2枚；眶后鳞1或2枚；颞鳞1+1+2枚。上唇鳞8或9枚，第4或第5枚入眶；下唇鳞9或10枚，前4或5枚切前颔片。背鳞13-13-11行，平滑无棱，中央1行脊鳞明显扩大。腹鳞187～199枚，两侧起棱；肛鳞二分；尾下鳞139～154对，两侧亦起棱。头背面铜棕色；头两侧各有1条黑色纵纹自眼后延伸至颈部。身体背面铜棕色，前段颜色略浅；沿体侧最外1～2行背鳞有1条浅黄色纵纹；背鳞之间，尤其是身体前段天蓝色；腹面淡绿色或浅灰色。

【生物学信息】卵生。栖息于海拔500米以下的林区或者灌木茂密的地方；白天活动。以蜥蜴、树蛙、小型鼠、鸟及鸟卵等为食。

【地理分布】青藏高原分布于西藏（墨脱县）。我国分布于西藏。国外分布于印度和缅甸。

【濒危等级和保护级别】IUCN红色名录（2022）：无危（LC）；国家重点保护野生动物名录（2021）：未列入。

喜山过树蛇生境（李科拍摄于西藏墨脱县）

游蛇科**Colubridae**　　　　　　　　　　　　过树蛇属*Dendrelaphis* Boulenger, 1890

🍃 蓝绿过树蛇

Dendrelaphis cyanochloris (Wall, 1921)

【英文名】Wall's Bronzeback

【鉴别特征】身体细长；尾具缠绕性。颊鳞 1 枚；眶前鳞 1 枚；眶后鳞 2 枚；颞鳞 1+2 或 2+2 枚。上唇鳞 9 或 10 枚，第 4～第 6 枚与眼眶接触；下唇鳞 9 或 10 枚，第 1～第 5 枚与前颔片相接。背鳞 15-15-11 行，平滑无棱；脊鳞明显增大。腹鳞 181～211 枚；肛鳞二分；尾下鳞 135～159 对。头、体及尾背面橄榄铜色。头两侧各有 1 条黑色条纹自眼后通过颞部延伸至颈部；唇缘黄白色。体背部鳞片边缘黑色；体侧通常无深色侧纹；腹鳞灰绿色或黄色。

【生物学信息】栖息于海拔 700 米的林区；树栖，白天活动，常见于路上。

【地理分布】青藏高原分布于西藏（墨脱县）。我国分布于西藏、云南、海南。国外分布于印度、缅甸、不丹、泰国、马来西亚、新加坡、孟加拉国。

【濒危等级和保护级别】IUCN 红色名录（2022）：无危（LC）；国家重点保护野生动物名录（2021）：未列入。

蓝绿过树蛇（雌性，丁利拍摄于西藏墨脱县）

游蛇科Colubridae	锦蛇属Elaphe Fitzinger in Wagler, 1833

双斑锦蛇

Elaphe bimaculata Schmidt, 1925

【英文名】Chinese Leopard Snake

【鉴别特征】体型中等，头部与颈部可区分。颊鳞1枚；眶前鳞1枚；眶后鳞2枚；颞鳞以2+3枚为主。上唇鳞8（3-2-3）枚；下唇鳞9～12枚，前4或5枚切前颔片。颔片2对。背鳞行数变异较大，以23-23-19行为主，外侧数行平滑，中央9～11行具弱棱。腹鳞170～209枚；肛鳞二分；尾下鳞61～81对。头背面灰褐色，有红褐色钟形斑；头侧有1黑纹自吻端经眼斜达口角。身体背面灰褐色，背中央有黑褐色哑铃状或成对的圆斑，与体侧斑纹交错排列。尾背部两侧有暗褐色纵线；腹部具半圆形或三角形小黑斑。

【生物学信息】卵生。栖息于海拔2240米以下的平原、丘陵、低山、溪谷。以小型啮齿动物和蜥蜴为食。

【地理分布】青藏高原分布于四川（甘孜县、松潘县）。我国广泛分布。国外分布于朝鲜和韩国。

【濒危等级和保护级别】IUCN红色名录（2022）：无危（LC）；国家重点保护野生动物名录（2021）：未列入。

双斑锦蛇（郭鹏拍摄于浙江丽水市）

双斑锦蛇头部背面观（左）、头部侧面观（右上）和身体腹面观（右下）（郭鹏拍摄于浙江丽水市）

双斑锦蛇（郭鹏拍摄于浙江丽水市）

双斑锦蛇（王平拍摄于湖北随县）

游蛇科Colubridae

锦蛇属*Elaphe* Fitzinger *in* Wagler, 1833

王锦蛇

Elaphe carinata (Günther, 1864)

【英文名】Keeled Rat Snake、Stink Snake

【鉴别特征】体型粗大；头较长，与颈部可区分。颊鳞1枚；眶前鳞1枚；眶前下鳞1枚；眶后鳞多为2枚；颞鳞以2+3枚为主。上唇鳞以8（3-2-3）枚为主；下唇鳞9～12枚，前4～5枚与前颌片相切。颌片2对。背鳞行数变异较大，以23-23-19行为主，除最外侧1～2行较为平滑外，其余鳞片均强烈起棱。腹鳞186～227枚；肛鳞二分；尾下鳞61～102对。头背面棕黄色，鳞沟黑色，形成明显的黑色"王"字斑。身体背面颜色变异较大，多数为暗褐色；鳞片边缘黑色、中央黄色，整体构成黑色网纹；腹面前段黄色，后段灰青色，密布黑色不规则的斑块。

【生物学信息】卵生。栖息于海拔2200米以下的丘陵或山区；常见于林地、灌丛、荒漠草原、农耕地、村庄及溪流旁河滩地附近，喜白天活动。以鸟、鸟卵、蛙、蜥蜴、蛇和小型啮齿动物为食。

【地理分布】青藏高原分布于西藏（察隅县）、云南（德钦县、玉龙纳西族自治县、贡山独龙族怒族自治县、维西傈僳族自治县）、四川（巴塘县、得荣县、九龙县、宝兴县、木里藏族自治县、北川羌族自治县、泸定县、盐源县、汶川县）、甘肃（文县）。我国广泛分布。国外分布于越南和日本。

【濒危等级和保护级别】IUCN红色名录（2022）：无危（LC）；国家重点保护野生动物名录（2021）：未列入。

王锦蛇（郭鹏拍摄于云南维西傈僳族自治县）

王锦蛇头部侧面观（左上）、头部背面观（右）和身体腹面观（左下）
（郭鹏拍摄于云南维西傈僳族自治县）

王锦蛇（郭鹏拍摄于云南德钦县）

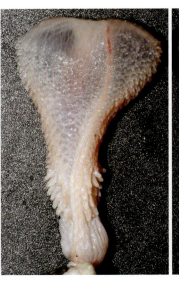

王锦蛇（郭鹏拍摄于四川得荣县）

王锦蛇半阴茎（郭鹏拍摄于云南德钦县）

王锦蛇幼体（郭鹏拍摄于云南德钦县）

游蛇科Colubridae　　　锦蛇属Elaphe Fitzinger in Wagler, 1833

白条锦蛇

Elaphe dione (Pallas, 1773)

【英文名】Steppes Ratsnakes

【鉴别特征】体型中等，头与颈部可区分。颊鳞 1 枚；眶前鳞 1 枚；眶后鳞以 2 枚为主；颞鳞以 2+3 枚为主。上唇鳞 8（3-2-3）或 9（4-2-3）枚；下唇鳞 9～11 枚，前 3～5 枚切前颔片。颔片 2 对。背鳞行数变异较大，以 25-25-19 行为主，背中央 6～19 行鳞具弱棱，其余平滑。腹鳞 168～206 枚；肛鳞二分；尾下鳞 51～84 对。头背面浅灰褐色，有暗褐色"∧"形斑；头侧眼后有一镶黑边的深褐色纵纹斜向口角，枕部黑褐色斑纹大而明显。体、尾背面深褐色，有 3 条黄白色纵纹分别位于背脊和两侧，整体形成深浅相间的纵纹；正背部有不规则镶白边的黑横斑；腹面黄白色，散布有黑色点斑。

【生物学信息】卵生。栖息于海拔 1800 米以下的平原、丘陵或山地；常见于常绿阔叶林或落叶阔叶林、草原、湿地、荒漠、田野、沼泽等环境。以鼠、鸟、鸟卵、鱼、蛙、蜥蜴等为食。

【地理分布】青藏高原分布于四川（若尔盖县、松潘县、北川羌族自治县、甘孜县、康定市、炉霍县）和甘肃（武威市）。我国广泛分布。国外广泛分布于东亚。

【濒危等级和保护级别】IUCN 红色名录（2022）：无危（LC）；国家重点保护野生动物名录（2021）：未列入。

白条锦蛇（郭鹏拍摄于四川甘孜县）

白条锦蛇头部侧面观（上）和身体腹面观（下）
（郭鹏拍摄于四川甘孜县）

白条锦蛇（郭鹏拍摄于四川炉霍县）

白条锦蛇（郭鹏拍摄于四川甘孜县）

白条锦蛇幼体（郭鹏拍摄于四川甘孜县）

游蛇科Colubridae　　　　　锦蛇属*Elaphe* Fitzinger *in* Wagler, 1833

南峰锦蛇

Elaphe hodgsonii (Günther, 1860)

【英文名】Hodgson's Rat Snake

【鉴别特征】体型中等偏大。颊鳞1枚；眶前鳞1枚；眶后鳞2枚；颞鳞2+2或2+3枚。上唇鳞8或9枚；下唇鳞9～12枚。背鳞行数变异大，23-23-17行、25-25-19行或21-21-17行，平滑无棱。腹鳞228～247枚，两侧明显起棱；肛鳞二分；尾下鳞72～92对。头、体及尾背面橄榄棕色，头背面中央偶有1个深色斑。身体背面部分鳞缘黑色或白色，形成网状纹；腹面黄绿色或黄白色，腹鳞边缘具黑色斑点。尾腹面棕红色，少数全黑色。

【生物学信息】卵生。栖息于海拔2300米左右的山区；常见于公路或住宅边，喜白天活动。以小型啮齿动物和蜥蜴为食。

【地理分布】青藏高原分布于西藏（吉隆县）。我国分布于西藏。国外分布于尼泊尔和印度。

【濒危等级和保护级别】IUCN红色名录（2022）：无危（LC）；国家重点保护野生动物名录（2021）：未列入。

南峰锦蛇（拍摄于西藏吉隆县，车静提供）

南峰锦蛇（Andreas Gumprecht 拍摄）

南峰锦蛇（王剀拍摄于西藏吉隆县）

南峰锦蛇（王剀拍摄于西藏吉隆县）

游蛇科Colubridae 锦蛇属*Elaphe* Fitzinger *in* Wagler, 1833

黑眉锦蛇

Elaphe taeniura Cope, 1861

【英文名】Beauty Snake

【鉴别特征】体型大。颊鳞1枚；眶前鳞1枚；眶后鳞2枚；颞鳞以2+3枚为主。上唇鳞6~10枚；下唇鳞9~13枚，前4~6枚切前颔片。颔片2对，前对大于后对，前对左右相接，后对被数枚小鳞分隔。背鳞以25-25-19行为主，中段除最外数行平滑外，其余具弱棱。腹鳞222~267枚；肛鳞二分；尾下鳞68~122对。眼后有一明显的黑纹延伸至颈部；上下唇鳞及下颌淡黄色。身体背面黄绿色或棕灰色，前中段具黑色梯状或蝶状纹，至后段逐渐不显；自身体中段开始，两侧有明显的黑纵纹达尾端；腹面灰黄色或浅灰色，两侧黑色。

【生物学信息】卵生，每次产卵2~13枚。栖息于海拔3000米以下的平原、丘陵及山区；常见于房屋及其附近，喜盘踞于老式房屋的屋檐。主要以鼠、鸟及蛙为食。

【地理分布】青藏高原分布于西藏（察隅县、墨脱县、芒康县）、四川（巴塘县、宝兴县、汶川县、泸定县、冕宁县、北川羌族自治县、绵竹市、什邡市、平武县、盐源县、康定市）、云南（贡山独龙族怒族自治县、福贡县、德钦县、香格里拉市）、甘肃（文县）。我国广泛分布。国外分布于日本、俄罗斯、印度、缅甸、泰国、韩国、柬埔寨、越南、马来西亚。

【濒危等级和保护级别】IUCN红色名录（2022）：易危（VU）；国家重点保护野生动物名录（2021）：未列入。

黑眉锦蛇（郭鹏拍摄于云南香格里拉市）

黑眉锦蛇（雄性，王聿凡拍摄于西藏察隅县）

黑眉锦蛇头部侧面观（左上：四川康定市；左下：云南香格里拉市）和身体腹面观（右：四川康定市）（郭鹏拍摄）

黑眉锦蛇（李科拍摄于云南高黎贡山）

黑眉锦蛇半阴茎（李科拍摄）

黑眉锦蛇（郭鹏拍摄于四川康定市）

| 游蛇科Colubridae | 锦蛇属*Elaphe* Fitzinger *in* Wagler, 1833 |

若尔盖锦蛇

Elaphe zoigeensis Huang, Ding, Burbrink, Yang, Huang, Ling, Chen and Zhang, 2012

【英文名】Zoige Rat Snake

【鉴别特征】体型中等。颊鳞 1 枚；眶前鳞 3 枚；眶后鳞 2 枚；颞鳞 2+3 枚。上唇鳞 7 或 8 枚，第 3 和第 4 枚或第 4 和第 5 枚入眶；下唇鳞 9 枚，前 5 枚与前额片相接，第 6 枚最大。背鳞 21-19-17 行，弱棱。腹鳞 202～212 枚；肛鳞二分；尾下鳞 68～79 对。头、体背面米黄色。头背面有一黑褐色镶黑边的"M"形斑；头侧眼后有一宽的镶黑边的红褐色条纹，延伸至最后一枚上唇鳞。身体背面有 4 列并行排列的红褐色斑点，从颈部一直延伸到泄殖腔孔；腹面灰白色，具黑斑或点。

【生物学信息】卵生，每次产卵 11 枚以上。栖息于海拔 3000 米左右的青藏高原；常见于温泉附近。以老鼠或其他食虫目动物为食。

【地理分布】青藏高原分布于四川（若尔盖县）。我国特有种，分布于四川。

【濒危等级和保护级别】IUCN 红色名录（2022）：无危（LC）；国家重点保护野生动物名录（2021）：未列入。

若尔盖锦蛇（郭鹏拍摄于四川若尔盖县）

若尔盖锦蛇头部背面观（左）、头部侧面观（右上）和身体腹面观（右下）（郭鹏拍摄于四川若尔盖县）

若尔盖锦蛇（郭鹏拍摄于四川若尔盖县）

游蛇科Colubridae | 玉斑蛇属*Euprepiophis* Fitzinger, 1843

玉斑锦蛇

Euprepiophis mandarinus (Cantor, 1842)

【英文名】Mandarin Rat Snake

【鉴别特征】体型中等到大型，头与颈部区分明显。颊鳞1枚；眶前鳞1枚；眶后鳞2枚；颞鳞2+3枚。上唇鳞7（2-2-3）枚；下唇鳞8～10枚，前4枚切前颔片。颔片2对。背鳞23-23-19行，平滑无棱。腹鳞181～237枚；肛鳞二分；尾下鳞53～75对。头背面黄色，具3条明显的黑横纹。身体及尾背面黄褐色、灰色或者紫灰色；正背有1列大的、镶黄边的黑色菱形斑；体侧有紫红色斑；腹面黄白色，有左右交错排列的黑色方斑。

【生物学信息】卵生。栖息于海拔200～1400米的平原、丘陵和山地；常见于林中、草丛、路边。以小型哺乳动物、蜥蜴及其卵等为食。

【地理分布】青藏高原分布于西藏（墨脱县）、四川（北川羌族自治县、什邡市、绵竹市、九寨沟县、都江堰市）、甘肃（文县）。我国广泛分布。国外分布于印度、老挝、越南、缅甸。

【濒危等级和保护级别】IUCN红色名录（2022）：无危（LC）；国家重点保护野生动物名录（2021）：未列入。

玉斑锦蛇（郭鹏拍摄于四川筠连县）

玉斑锦蛇头部背面观（左）、头部侧面观（右上）和身体腹面观（右下）（郭鹏拍摄）　玉斑锦蛇（郭鹏拍摄于四川都江堰市）

玉斑锦蛇（郭鹏拍摄于四川筠连县）

玉斑锦蛇（郭鹏拍摄于四川都江堰市）

游蛇科Colubridae 玉斑蛇属*Euprepiophis* Fitzinger, 1843

横斑锦蛇

Euprepiophis perlaceus (Stejneger, 1929)

【英文名】Szechwan Rat Snake、Pearl-banded Rat Snake

【鉴别特征】体型中等，头与颈部区分明显。颊鳞1枚；眶前鳞1枚；眶后鳞2枚；颞鳞1+2枚。上唇鳞7（2-2-3）枚；下唇鳞7～9枚，前3或4枚切前颏片。背鳞19-19-17行，前段中央11～13行具棱，后段及尾背鳞片全部具棱。腹鳞224～231枚；肛鳞二分；尾下鳞57～69对。头背面茶褐色，前端有2个黑横斑，枕部有3个呈套叠的"∧"形黑斑。身体及尾背面茶褐色，有排列不规则的镶白边的黑横斑；腹面污白色，有灰黑色大斑。

【生物学信息】卵生。栖息于海拔2000～3370米的湿润山区；常见于落叶阔叶林下、路边、溪沟边、灌木丛中。

【地理分布】青藏高原分布于四川（康定市、泸定县、石棉县、汶川县、什邡市、宝兴县、绵竹市、茂县）。我国特有种，分布于四川和陕西。

【濒危等级和保护级别】IUCN红色名录（2022）：濒危（EN）；国家重点保护野生动物名录（2021）：国家二级。

横斑锦蛇（郭鹏拍摄于四川峨边彝族自治县）

横斑锦蛇头部背面观（左）、头部侧面观（右上）和身体腹面观（右下）
（郭鹏拍摄于四川峨边彝族自治县）

横斑锦蛇（郭鹏拍摄于四川峨边彝族自治县）

横斑锦蛇（郭鹏拍摄于四川峨边彝族自治县）

游蛇科Colubridae 　　　　　滑鳞蛇属 *Liopeltis* Fitzinger, 1843

滑鳞蛇
Liopeltis frenatus (Günther, 1858)

【英文名】Günther's Reed Snake

【鉴别特征】体型中等偏小，头与颈部区分明显。颊鳞 1 枚；眶前鳞 1 枚；眶后鳞 1 枚；颞鳞 1+2 枚。上唇鳞 7（2-2-3）枚；下唇鳞 7 枚，前 3 枚接前颔片。颔片 2 对。背鳞 15-15-15 行，平滑。腹鳞 140～172 枚；肛鳞二分；尾下鳞 70～105 对。头、体及尾背面橄榄色。头侧眼后各有一粗的黑色纵纹延伸至颈背左右并列，延续至颈后一段距离，其外侧另有较细黑色纵纹。部分背鳞或其边缘黑色或白色；腹面黄白色。

【生物学信息】卵生。栖息于海拔 600～1800 米的林区；白天常见于林中、路边。排泄物中发现蜘蛛残骸（车静等，2020）。

【地理分布】青藏高原分布于西藏（墨脱县）。我国分布于西藏和云南。国外分布于印度、缅甸、老挝、越南。

【濒危等级和保护级别】IUCN 红色名录（2022）：无危（LC）；国家重点保护野生动物名录（2021）：未列入。

滑鳞蛇（王聿凡拍摄于西藏墨脱县）

滑鳞蛇头部背面观（上左）、头部腹面观（上中）、头部侧面观（下左）、身体腹面观（下右）和半阴茎（上右）
（王聿凡拍摄于西藏墨脱县）

滑鳞蛇（王聿凡拍摄于西藏墨脱县）

游蛇科Colubridae 　　　　　白环蛇属 *Lycodon* Boie *in* Fitzinger, 1826

贡山白环蛇

Lycodon gongshan Vogel and Luo, 2011

【英文名】Gongshan Wolf Snake

【鉴别特征】体型中等偏小，头与颈部区分明显。颊鳞 1 枚，入眶；眶前鳞 1 枚；眶后鳞 2 枚；颞鳞 2+2 或 2+3 枚。上唇鳞 8 枚，第 1 或第 2 枚与鼻鳞相接，第 3～第 5 枚入眶，第 6 枚最大；下唇鳞 9 枚，第 1～第 4 枚与前颔片相接。颔片 2 对。背鳞 17-17-15 行，中间 6 行具弱棱。腹鳞 210～216 枚；肛鳞完整；尾下鳞 92～96 对。头背面黑褐色，无斑；腹面黑色，具不规则的米色横斑。身体及尾背面深褐色，具不规则的浅色窄横纹。

【生物学信息】卵生。栖息于海拔 2000 米以下的山地、丘陵的耕地、林地边缘或灌草丛环境；多夜间活动。可能以蜥蜴类为食。

【地理分布】青藏高原分布于西藏（察隅县）、云南（泸水市、贡山独龙族怒族自治县、玉龙纳西族自治县）。我国特有种，分布于西藏、云南。

【濒危等级和保护级别】IUCN 红色名录（2022）：数据缺乏（DD）；国家重点保护野生动物名录（2021）：未列入。

贡山白环蛇（姚忠祎拍摄于西藏察隅县）

贡山白环蛇（钟光辉拍摄于云南临沧市）

贡山白环蛇（下）及其头部背面观（上左）、身体腹面观（上右）（钟光辉拍摄于云南临沧市）

游蛇科Colubridae　　　　白环蛇属 *Lycodon* Boie *in* Fitzinger, 1826

刘氏白环蛇

Lycodon liuchengchaoi Zhang, Jiang, Vogel and Rao, 2011

【英文名】Liuchengchao's Wolf Snake

【鉴别特征】体型小。颊鳞 1 枚，入眶，不与鼻间鳞接触；眶前鳞 1 枚；眶后鳞 2 枚；颞鳞 2+2 枚。上唇鳞 7 或 8 枚，第 3 和第 4 枚或第 3～第 5 枚入眶；下唇鳞 8 枚，前 5 枚切前颌片。颌片 2 对。背鳞 17-17-15 行，中央几行具弱棱。腹鳞 200～228 枚；肛鳞二分；尾下鳞 68～81 对。头背面深黑色，枕部有一黄色横斑；腹面浅黄色。身体及尾背面黑色，具有多个边缘不整齐的黄褐色环纹，每环纹 2～3 枚鳞宽；腹面除褐黄色环纹外，其余部分为黑色。

【生物学信息】卵生。栖息于海拔 1400 米以下的山地和林间；多于晚上活动。主要以蛙和蜥蜴为食。

【地理分布】青藏高原分布于四川（宝兴县）。我国特有种，广泛分布。

【濒危等级和保护级别】IUCN 红色名录（2022）：未予评估（NE）；国家重点保护野生动物名录（2021）：未列入。

刘氏白环蛇（郭鹏拍摄于浙江）

刘氏白环蛇（左）及其腹面观（右）（郭鹏拍摄于浙江）

刘氏白环蛇（任金龙拍摄于陕西秦岭）

游蛇科 Colubridae ▸ 白环蛇属 *Lycodon* Boie *in* Fitzinger, 1826

横纹白环蛇

Lycodon multizonatus (Zhao and Jiang, 1981)

【英文名】Luding Wolf Snake

【鉴别特征】体型小；头部较小，与颈部区分不明显。颊鳞 1 枚，入眶；眶前鳞 1 枚或无；眶后鳞 2 枚；颞鳞 2+3 枚。上唇鳞 7（2-2-3）枚或 8（2-3-3）枚；下唇鳞 8 枚，前 4 枚切前颔片。颔片 2 对，大小相近。背鳞 17-17-15 行，平滑。腹鳞 190～197 枚；肛鳞二分；尾下鳞 68～77 对。头背面有 3 条不规则的黑色横纹；腹面前缘黑点密集。身体及尾背面橘黄色，身体背面有黑色横纹 54～73 条，尾背面有黑纹 14～19 条，呈环状；身体腹面具黑斑。

【生物学信息】卵生。栖息于海拔 1000～1400 米的丘陵或山区；常见于路边草丛、林中。主要以爬行动物的卵为食。

【地理分布】青藏高原分布于四川（泸定县）。我国特有种，分布于四川、云南、甘肃。

【濒危等级和保护级别】IUCN 红色名录（2022）：数据缺乏（DD）；国家重点保护野生动物名录（2021）：未列入。

横纹白环蛇（侯勉拍摄于四川泸定县）

横纹白环蛇头体腹面观（左上）、身体背面观（左下）和头部侧面观（右）（任金龙拍摄于四川峨眉山市）

横纹白环蛇（任金龙拍摄于四川峨眉山市）

游蛇科Colubridae 白环蛇属 *Lycodon* Boie *in* Fitzinger, 1826

赤链蛇

Lycodon rufozonatus Cantor, 1842

【英文名】Red-banded Snake

【鉴别特征】体型中等偏大。颊鳞 1 枚，入眶；眶前鳞 1 枚；眶后鳞 2 枚；颞鳞以 2+3 枚为主。上唇鳞 7（2-2-3）或 8（2-3-3、3-2-3）枚；下唇鳞 8～10 枚，前 4 或 5 枚与前颌片相接。颌片 2 对，大小近等。背鳞以 17-17-15 行为主，平滑，或仅在肛前中央几行具弱棱。腹鳞 184～225 枚，具侧棱；肛鳞完整；尾下鳞 45～95 对。头背面黑褐色，鳞沟红色；枕背面具"∧"形红色斑；腹面灰白色，散有黑褐色点斑。体、尾背面黑褐色，有数十个红色窄横斑；腹面灰白色，腹鳞两侧杂以黑褐色点斑。

【生物学信息】卵生，每次产卵 10 余枚。栖息于海拔 1800 米以下的平原、丘陵、山区；常见于农田和村舍附近，夜间活动。主要以蛙、蟾蜍、蜥蜴等为食。

【地理分布】青藏高原分布于甘肃（文县）和四川（宝兴县、什邡市、绵竹市、康定市、天全县、平武县）。我国广泛分布。国外分布于俄罗斯、朝鲜、日本、老挝、越南。

【濒危等级和保护级别】IUCN 红色名录（2022）：无危（LC）；国家重点保护野生动物名录（2021）：未列入。

赤链蛇（郭鹏拍摄于四川犍为县）

赤链蛇（郭鹏拍摄于云南双柏县）

赤链蛇（郭鹏拍摄于四川屏山县）

赤链蛇（郭鹏拍摄于云南西畴县）

赤链蛇（郭鹏拍摄于四川屏山县）

游蛇科Colubridae　　　　白环蛇属 *Lycodon* Boie *in* Fitzinger, 1826

🐍 黑背白环蛇
Lycodon ruhstrati (Fischer, 1886)

【英文名】Mountain Wolf Snake

【鉴别特征】体型小；头略大而稍扁平，头颈可区分。颊鳞 1 枚，不入眶；眶前鳞 1 枚；眶后鳞 2 枚；颞鳞以 2+3 枚为主。上唇鳞 8（2-3-3）或 9（3-3-3）枚；下唇鳞 9 或 10 枚，前 4 或 5 枚切前颌片。颌片 2 对。背鳞以 17-17-15 为主，个别中央几行具弱棱。腹鳞 193～230 枚；肛鳞完整；尾下鳞 64～103 对。头背面黑褐色，枕部灰白色。身体背面黑褐色或褐色，体、尾背面有黑白相间的环纹；腹面灰白色。

【生物学信息】卵生，每次产卵 4～7 枚。栖息于海拔 500～1850 米的山地；常在夜间见于溪沟的草丛或石块处。主要以蜥蜴为食。

【地理分布】青藏高原分布于四川（什邡市、绵竹市、泸定县、北川羌族自治县、茂县、彭州市、九寨沟县）。我国广泛分布。国外分布于越南和老挝。

【濒危等级和保护级别】IUCN 红色名录（2022）：无危（LC）；国家重点保护野生动物名录（2021）：未列入。

黑背白环蛇（郭鹏拍摄于四川青川县）

黑背白环蛇（李科拍摄于四川青川县）

黑背白环蛇（郭鹏拍摄于四川青川县）

锯纹白环蛇头部背面观（左）、头部侧面观（右上）和身体腹面观（右下）（郭鹏拍摄于四川巴塘县）

锯纹白环蛇（王剀拍摄）

游蛇科Colubridae

白环蛇属 *Lycodon* Boie *in* Fitzinger, 1826

察隅链蛇

Lycodon zayuensis Jiang, Wang, Jin and Che *in* Che, Jiang, Yan and Zhang, 2020

【英文名】Chayu Wolf Snake

【鉴别特征】体型中等偏大。颊鳞1枚,不入眶;眶前鳞1或2枚;眶后鳞2枚;颞鳞2+3枚。上唇鳞8(2-3-3)枚;下唇鳞9枚,前4或5枚与前颌片相接。颌片2对,前对大于后对。背鳞17-17-15行,中段中央7～11行弱棱。腹鳞219～234枚;肛鳞二分或完整;尾下鳞84～93对。头背面黑褐色,枕背有"∧"形黄色斑,尖端始自顶鳞后,分叉斜达口角;眼后有一窄斑,与头部斑纹平行。身体及尾背面黑褐色,有84～90个黄色窄横斑。头、体及尾腹面黄色。

【生物学信息】栖息于海拔1500米左右的林区;常见于林缘及公路边,爬行缓慢。

【地理分布】青藏高原分布于西藏(察隅县)。我国分布于西藏。国外分布于缅甸。

【濒危等级和保护级别】IUCN红色名录(2022):未予评估(NE);国家重点保护野生动物名录(2021):未列入。

察隅链蛇(李科拍摄于西藏察隅县)

察隅链蛇（李科拍摄于西藏察隅县）

察隅链蛇头部背面观（上左）、腹面观（上右）和侧面观（下）（李科拍摄于西藏察隅县）

察隅链蛇（王聿凡拍摄于西藏察隅县）

游蛇科**Colubridae**　　　　　　　　　小头蛇属*Oligodon* Boie *in* Fitzinger, 1826

喜山小头蛇

Oligodon albocinctus (Cantor, 1839)

【英文名】Light-barred Kukri Snake

【鉴别特征】体型中等；头小，与颈部区分不明显。吻鳞头部可见；前额鳞不入眶；额鳞长为前额鳞长的2倍，与顶鳞长相近。颊鳞1枚；眶前鳞1枚；眶后鳞2枚；颞鳞1+2枚。上唇鳞7（2-2-3）枚；下唇鳞8枚，前4枚切前颔片。颔片2对，前对长约为后对的3倍。背鳞以19-19-15行为主，平滑。腹鳞190～203枚；肛鳞完整；尾下鳞48～68对。头背面有一镶黑边的紫褐色"灭"字斑。身体和尾背面棕色、红色等，具镶黑边的白色或黄色横纹，身体背面18～24条，尾背面5～8条；腹面污白色或略带粉色。

【生物学信息】卵生，每次产卵10枚左右。栖息于海拔780～1700米的山区；常见于林地或农田附近的灌丛，夜间活动。以蜥蜴卵、蛙和小型啮齿动物为食。

【地理分布】青藏高原分布于西藏（墨脱县）。我国分布于西藏和云南。国外分布于印度、孟加拉国、缅甸、尼泊尔、不丹、越南。

【濒危等级和保护级别】IUCN 红色名录（2022）：无危（LC）；国家重点保护野生动物名录（2021）：未列入。

喜山小头蛇（郭鹏拍摄于云南盈江县）

喜山小头蛇（郭鹏拍摄于云南盈江县）

喜山小头蛇（左）及其身体腹面观（右）（郭鹏拍摄于云南盈江县）

游蛇科**Colubridae**   小头蛇属*Oligodon* Boie *in* Fitzinger, 1826

墨脱小头蛇

Oligodon lipipengi Jiang, Wang, Li, Ding, Ding and Che *in* Che, Jiang, Yan and Zhang, 2020

【英文名】Medog Kukri Snake

【鉴别特征】体型中等偏小；头呈椭圆形，与颈部区分不明显。鼻鳞二分；颊鳞 1 枚；眶前鳞 1 枚；眶后鳞 2 枚；颞鳞 1+2 枚。上唇鳞 7（2-2-3）或 8（3-2-3）枚；下唇鳞以 8 枚为主，前 4 枚切前颔片。颔片 2 对。背鳞 19-19-15 行，平滑。腹鳞 191～200 枚；肛鳞完整；尾下鳞 49～65 对。头、体及尾背面棕灰色或棕红色，头背至颈部有深褐色镶黑边的"灭"字形斑，身体背面有 23 或 24 个镶黑边的深棕色不规则椭圆形斑，尾背面具 4 或 5 个镶黑边的蝶形深

棕色斑。头、体及尾腹面黄白色，从颈部至尾中段腹面中央有红色纵纹（车静等，2020）。

【生物学信息】栖息于海拔 680～810 米的山区；常见于林地和石堆旁，白天活动。主要以爬行动物的卵为食。

【地理分布】青藏高原分布于西藏（墨脱县）。我国分布于西藏。国外分布于尼泊尔。

【濒危等级和保护级别】IUCN 红色名录（2022）：未予评估（NE）；国家重点保护野生动物名录（2021）：未列入。

墨脱小头蛇（任金龙拍摄于西藏墨脱县）

墨脱小头蛇（李科拍摄于西藏墨脱县）

墨脱小头蛇（赵蕙拍摄于西藏墨脱县）

墨脱小头蛇（侯勉拍摄于西藏墨脱县）

墨脱小头蛇头部背面观（上）和侧面观（下）（王聿凡拍摄于西藏墨脱县）

墨脱小头蛇半阴茎（任金龙拍摄于西藏墨脱县）

游蛇科**Colubridae**　　　　　　　小头蛇属*Oligodon* Boie *in* Fitzinger, 1826

黑带小头蛇

Oligodon melanozonatus Wall, 1922

【英文名】Abor Hills kukri Snake、Black-striped Kukri Snake

【鉴别特征】体型小；头小，与颈部区分不明显。鼻间鳞2枚。无颊鳞；眶前鳞1枚；眶后鳞2枚；颞鳞1+2枚。上唇鳞6（2-2-2）枚；下唇鳞6枚，前4枚与前颔片相切。颔片2对，前颔片大于后颔片。背鳞17-17-15行。腹鳞171～173枚；肛鳞二分；尾下鳞42～45对。头背枕部有一镶黑边的白色箭形斑，前额鳞与额鳞间有一黑纹达眼下方。体、尾背面浅棕色，有隐约可见的黑色横斑；腹面白色，具不规则的黑色横斑。

【生物学信息】卵生。栖息于海拔610米左右的山区。可能以爬行动物的卵为食。

【地理分布】青藏高原分布于西藏（墨脱县）。我国分布于西藏。国外分布于印度。

【濒危等级和保护级别】IUCN红色名录（2022）：数据缺乏（DD）；国家重点保护野生动物名录（2021）：未列入。

黑带小头蛇（Abhijit Das 拍摄）

游蛇科Colubridae　　紫灰蛇属Oreocryptophis Utiger, Schätti and Helfenberger, 2005

紫灰锦蛇

Oreocryptophis porphyraceus (Cantor, 1839)

【英文名】Black-banded Trinket Snake、Red Bamboo Snake

【鉴别特征】体型中等偏大；头大，与颈部区分明显；眼小，瞳孔圆形。颊鳞1枚；眶前鳞1枚；眶后鳞2枚；颞鳞1+2枚。上唇鳞8枚；下唇鳞8～11枚。背鳞19-19-17行，平滑。腹鳞178～214枚；肛鳞二分；尾下鳞49～77对。头、体、尾背面紫铜色或红褐色。头背面有3条黑色粗纵纹。体、尾背面有2条纵侧纹延至尾末，有若干马鞍形横斑，横斑边缘黑色；腹面亮白色，无斑。

【生物学信息】卵生。栖息于海拔200～2400米的山区森林、农耕地、秧田等附近。以鼠等小型哺乳动物为食。

【地理分布】青藏高原分布于西藏（墨脱县）、四川（平武县、汶川县、什邡市、绵竹市、茂县、北川羌族自治县、芦山县、松潘县）、甘肃（文县）、云南（贡山独龙族怒族自治县）。我国广泛分布。国外分布于印度、不丹、尼泊尔、缅甸、越南、老挝、泰国、马来西亚、印度尼西亚、新加坡等。

【濒危等级和保护级别】IUCN 红色名录（2022）：无危（LC）；国家重点保护野生动物名录（2021）：未列入。

紫灰锦蛇（雄性，任金龙拍摄于西藏墨脱县）

紫灰锦蛇（郭鹏拍摄于四川安州区）

紫灰锦蛇（郭鹏拍摄于云南腾冲市）

紫灰锦蛇（郭鹏拍摄于四川会理市）

紫灰锦蛇头部背面观（左）、头部侧面观（右上）和
身体腹面观（右下）（郭鹏拍摄于云南腾冲市）

紫灰锦蛇腹面观（雄性，任金龙拍摄于西藏墨脱县）

游蛇科Colubridae

东方蛇属Orientocoluber Kharin, 2011

黄脊游蛇

Orientocoluber spinalis (Peters, 1866)

【英文名】Slender Racer

【鉴别特征】体型中等。颊鳞1枚；眶前鳞1枚；眶后鳞2枚；颞鳞2+2+3或2+3+3枚。上唇鳞8（3-2-3）枚；下唇鳞9或10枚，前4或5枚切前颔片。颔片2对。背鳞17-17-15行，平滑。腹鳞180～199枚；肛鳞二分；尾下鳞83～100对。头背面绛红色，前端有2或3条黄色横纹，额鳞中央及顶鳞沟有镶黑边的黄色纵纹；腹面白色。身体及尾背面绛红色，身体背脊正中有1条镶黑边的黄色纵纹，前端与头背黄色纵纹相连，向后延至尾末；腹面淡黄色。

【生物学信息】卵生。栖息于海拔500～2100米的平原、丘陵、山麓或河床等开阔地；以白天活动为主。主要以蜥蜴为食，也食鼠和蛙等。

【地理分布】青藏高原分布于甘肃（武威市）。我国广泛分布。国外分布于蒙古、俄罗斯、朝鲜、韩国、哈萨克斯坦等。

【濒危等级和保护级别】IUCN红色名录（2022）：无危（LC）；国家重点保护野生动物名录（2021）：未列入。

黄脊游蛇（郭鹏拍摄于甘肃）

黄脊游蛇（侯勉拍摄于内蒙古呼和浩特市）　　黄脊游蛇（郭鹏拍摄于甘肃）

黄脊游蛇（周正彦拍摄于辽宁）

黄脊游蛇头部侧面观（左上）、头部背面观（右）　黄脊游蛇（周正彦拍摄于山东）
和身体腹面观（左下）（郭鹏拍摄于甘肃）

乌梢蛇（郭鹏拍摄于四川筠连县）　　　　乌梢蛇（郭鹏拍摄于四川筠连县）

乌梢蛇（郭鹏拍摄于四川长宁县）

游蛇科Colubridae

鼠蛇属*Ptyas* Fitzinger, 1843

滑鼠蛇

Ptyas mucosa (Linnaeus, 1758)

【英文名】Oriental Rat Snake

【鉴别特征】体型大，一般体全长 150 厘米左右。颊鳞 2～5 枚；眶前鳞 1 枚；眶前下鳞 1 枚；眶后鳞 2 枚；颞鳞以 2+2 枚为主。上唇鳞 8 或 9 枚；下唇鳞 9 或 10 枚，前 5 或 6 枚与前颌片相切。颌片 2 对。背鳞行数变化较大，以 19-17-15 行为主，平滑无棱。腹鳞 170～200 枚，具弱侧棱；肛鳞二分；尾下鳞 98～118 对。头背面黑褐色，上唇浅灰色，后缘有粗大黑斑。身体背面棕褐色，部分背鳞边缘或一半黑色，形成不规则黑色横斑，向后成网纹；腹面黄白色，腹鳞游离缘黑色。

【生物学信息】卵生，7 月产卵，一般每次产卵 15 枚左右。栖息于海拔 3000 米以下的平原、丘陵和山地环境；常见于水域附近，白天活动。以蛙、蟾蜍、蜥蜴、鼠、鸟、蛇等为食。

【地理分布】青藏高原分布于西藏（亚东县）。我国广泛分布。国外广泛分布于印度、不丹、伊朗、越南、老挝、阿富汗等。

【濒危等级和保护级别】IUCN 红色名录（2022）：无危（LC）；国家重点保护野生动物名录（2021）：未列入。

滑鼠蛇（郭鹏拍摄于广西柳州市）

滑鼠蛇（郭鹏拍摄于海南黎母山）

| 游蛇科Colubridae | 鼠蛇属*Ptyas* Fitzinger, 1843 |

黑线乌梢蛇

Ptyas nigromarginata (Blyth, 1854)

【英文名】Black-bordered Rat Snake、Green Rat Snake

【鉴别特征】体型大。颊鳞1枚；眶前鳞2枚；眶后鳞2或3枚；颞鳞2+2枚。上唇鳞以8（3-2-3）枚为主；下唇鳞9或10枚，前4或5枚与前颔片相切。颔片2对。背鳞16-16-14行，中央4～6行起棱。腹鳞186～206枚；肛鳞二分；尾下鳞106～138对。头背面黄绿色；腹面白色。身体背面绿色或黄绿色，有4条黑色纵纹贯穿体尾，2条位于背脊两侧，2条位于体侧，随年龄增长，体前段黑色纵纹消失；腹面乳黄色。

【生物学信息】卵生，每次产卵20余枚。栖息于海拔500～2100米的山区或丘陵；常见于林木茂密处、林缘灌丛或者农耕地附近，白天活动，活动速度较快。以蛙和小型哺乳动物为食。

【地理分布】青藏高原分布于四川（巴塘县、得荣县、冕宁县、木里藏族自治县、盐源县）、西藏（墨脱县、察隅县、波密县、巴宜区）、云南（德钦县、贡山独龙族怒族自治县、维西傈僳族自治县）、甘肃（文县）。我国分布于西南和西北地区。国外分布于尼泊尔、印度、越南、缅甸、不丹、孟加拉国、泰国。

【濒危等级和保护级别】IUCN红色名录（2022）：无危（LC）；国家重点保护野生动物名录（2021）：未列入。

黑线乌梢蛇（郭鹏拍摄于四川巴塘县）

黑线乌梢蛇（郭鹏拍摄于四川巴塘县）　　　　　黑线乌梢蛇（郭鹏拍摄于西藏巴宜区）

黑线乌梢蛇（郭鹏拍摄于云南贡山独龙族怒族自治县）　　黑线乌梢蛇（郭鹏拍摄于云南维西傈僳族自治县）

黑线乌梢蛇（赵蕙拍摄于西藏察隅县）　　　黑线乌梢蛇头部背面观（左）、头部侧面观（右上）、身体腹面观（右下）
（郭鹏拍摄于四川巴塘县）

食螺蛇科 Dipsadidae	温泉蛇属 *Thermophis* Malnate, 1953

西藏温泉蛇

Thermophis baileyi (Wall, 1907)

【英文名】Xizang Hot-spring Keelback

【鉴别特征】体型中等，头部与颈部区分明显。吻鳞背面可见。颊鳞0～2枚；眶前鳞2枚；眶后鳞3枚。上唇鳞8枚；下唇鳞10枚。背鳞19-19-17行，雄性均具棱，雌性除最外一行平滑，其余具棱。腹鳞205～218枚；肛鳞二分；尾下鳞一般成对，96～120对。头背面灰绿色或灰褐色，眼后有一灰色纵纹斜向口角；腹面浅黄色。身体及尾背面橄榄绿色，有3列暗褐色斑；腹面淡黄绿色。

【生物学信息】卵生。栖息于海拔4000米左右的青藏高原；常见于温泉附近，白天活动。主要以高山蛙和鱼为食。

【地理分布】青藏高原分布于西藏（当雄县、墨竹工卡县、尼木县、工布江达县、拉孜县、江孜县、萨迦县、昂仁县等）。我国特有种，分布于西藏。

【濒危等级和保护级别】IUCN红色名录（2022）：近危（NT）；国家重点保护野生动物名录（2021）：国家一级。

西藏温泉蛇（郭鹏拍摄于西藏工布江达县）

西藏温泉蛇（任金龙拍摄于西藏）

西藏温泉蛇半阴茎（郭鹏拍摄于西藏）

西藏温泉蛇（周正彦拍摄于西藏）

西藏温泉蛇（杨军拍摄于西藏）

食螺蛇科 Dipsadidae　　　　温泉蛇属*Thermophis* Malnate, 1953

香格里拉温泉蛇

Thermophis shangrila Peng, Lu, Huang, Guo and Zhang, 2014

【英文名】Shangri-la Hot-spring Snake

【鉴别特征】体型中等，头部与颈部区分明显。颊鳞1枚；眶前鳞2枚；眶后鳞2枚；颞鳞2+3枚。上唇鳞8（3-2-3）枚；下唇鳞10枚。背鳞19-19-17行，除最外一行平滑外，其余具棱。腹鳞212～223枚；肛鳞二分；尾下鳞88～95对。身体背面淡褐色，具黑褐色点斑或者纵纹；背脊中部有1条深褐色纵纹直达尾部；腹面橄榄绿色。

【生物学信息】卵生。栖息于海拔3000米左右的青藏高原；常见于草地附近，白天活动。主要以高山蛙和鱼为食。

【地理分布】青藏高原分布于云南（香格里拉市）。我国特有种，分布于云南。

【濒危等级和保护级别】IUCN红色名录（2022）：未予评估（NE）；国家重点保护野生动物名录（2021）：国家一级。

香格里拉温泉蛇（任金龙拍摄于云南香格里拉市）

香格里拉温泉蛇（任金龙拍摄于云南香格里拉市）

香格里拉温泉蛇（任金龙拍摄于云南香格里拉市）

香格里拉温泉蛇生境（李凌拍摄于云南香格里拉市）

食螺蛇科 Dipsadidae

温泉蛇属*Thermophis* Malnate, 1953

四川温泉蛇

Thermophis zhaoermii Guo, Liu, Feng and He, 2008

【英文名】Sichuan Hot-spring Keelback

【鉴别特征】体型中等，头部与颈部区分明显。吻鳞宽大于高。颊鳞1枚；眶前鳞2枚；眶后鳞3枚。上唇鳞8枚；下唇鳞10枚。背鳞19-19-17行，除最外一行平滑外，其余具棱。腹鳞204～225枚；肛鳞二分；尾下鳞一般单行，83～102枚，尾部背鳞自6行变为4行发生在第63～第78枚尾下鳞位置。头背面褐色，眼后有一深褐色条纹斜向口角。身体及尾背面褐色，有3列暗褐色斑；腹面淡黄色，散布小的黑点或者无黑点。

【生物学信息】可能卵生。栖息于海拔4000米左右的青藏高原；常见于温泉附近的草地、灌丛或者石堆中，白天活动。主要以高山蛙和鱼为食。

【地理分布】青藏高原分布于四川（白玉县、稻城县、理塘县、巴塘县、康定市、新龙县）。我国特有种，分布于四川。

【濒危等级和保护级别】IUCN红色名录（2022）：濒危（EN）；国家重点保护野生动物名录（2021）：国家一级。

四川温泉蛇（郭鹏拍摄于四川理塘县）

四川温泉蛇（郭鹏拍摄于四川白玉县）

四川温泉蛇（郭鹏拍摄于四川理塘县）

四川温泉蛇（郭鹏拍摄于四川白玉县）

四川温泉蛇（郭鹏拍摄于四川稻城县）

四川温泉蛇（郭鹏拍摄于四川理塘县）

四川温泉蛇头部背面观（左）、头部侧面观（右上）和身体腹面观（右下）（郭鹏拍摄于四川）

眼镜蛇科 Elapidae

眼镜蛇属Naja Laurenti, 1768

孟加拉眼镜蛇

Naja kaouthia Lesson, 1831

【英文名】Monocled Cobra

【鉴别特征】体型大,体全长一般超过 100 厘米。无颊鳞;眶前鳞 1 枚;眶后鳞 3 枚;颞鳞 2+3 枚。上唇鳞 7 枚,第 3 枚最高,前接鼻鳞,后入眶;下唇鳞 8 枚。背鳞 23-19-15 行,平滑无棱。腹鳞 197 枚;肛鳞完整;尾下鳞 54 对。身体背面暗褐色或灰褐色,一般有黑褐色细横纹;腹面前段污白色,后段灰褐色。受惊扰前半身竖立时,颈背部露出单圈"眼镜"状斑纹。

【生物学信息】卵生。以蛇、鼠、鸟、蜥蜴等为食。

【地理分布】青藏高原分布于西藏(墨脱县)。我国分布于西藏和云南。国外分布于东南亚及南亚。

【濒危等级和保护级别】IUCN 红色名录(2022):无危(LC);国家重点保护野生动物名录(2021):未列入。

孟加拉眼镜蛇(Wolfgang Wüster 拍摄)

孟加拉眼镜蛇(Wolfgang Wüster 拍摄)

孟加拉眼镜蛇（Wolfgang Wüster 拍摄）

孟加拉眼镜蛇（Wolfgang Wüster 拍摄）

眼镜蛇科 Elapidae | 眼镜王蛇属 *Ophiophagus* Günther, 1864

眼镜王蛇

Ophiophagus hannah (Cantor, 1836)

【英文名】King Cobra

【鉴别特征】体全长可达 200～300 厘米。头部在顶鳞之后有 1 对较大的枕鳞。无颊鳞；眶前鳞 1 枚；眶后鳞 3 枚；颞鳞 2+2 枚。上唇鳞 7（2-2-3）枚；下唇鳞 7～9 枚。背鳞 19-15-15 行，平滑无棱。腹鳞 237～250 枚；肛鳞完整；尾下鳞 81～94 枚 / 对，单双行不定。颈背部有 "∧" 形黄白色斑，颈部以下有嵌黑边的窄横纹。身体、尾背面黑褐色；腹面灰褐色。

【生物学信息】卵生。栖息于海拔 1800 米以下水源丰富、植被茂密的低地、丘陵地区，白天活动。主要以蛇为食，也捕食鸟和鼠。

【地理分布】青藏高原分布于西藏（墨脱县）。我国广泛分布。国外分布于东南亚和南亚。

【濒危等级和保护级别】IUCN 红色名录（2022）：易危（VU）；国家重点保护野生动物名录（2021）：国家二级。

眼镜王蛇（雌性，李成拍摄于西藏墨脱县）

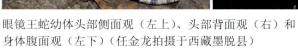

眼镜王蛇（任金龙拍摄于西藏墨脱县）

眼镜王蛇幼体头部侧面观（左上）、头部背面观（右）和
身体腹面观（左下）（任金龙拍摄于西藏墨脱县）

眼镜王蛇（雌性，李成拍摄于西藏墨脱县）

眼镜蛇科 Elapidae — 华珊瑚蛇属 *Sinomicrurus* Slowinski, Boundry and Lawson, 2001

中华珊瑚蛇

Sinomicrurus macclellandi (Reinhardt, 1844)

【英文名】MacClelland's Coral Snake

【鉴别特征】体型中等偏小；头小，与颈部区分不明显。无颊鳞；眶前鳞 1 枚；眶后鳞 2 枚；颞鳞 1+1 枚。上唇鳞 7（2-2-3）枚；下唇鳞 6 枚。背鳞 13-13-13 行，平滑无棱。腹鳞 195～230 枚；肛鳞完整；尾下鳞 26～38 对。头背面黑色，有 2 条黄白色横纹，前条细，后条宽大。身体背面红棕色，有嵌黄色边的黑色横斑；腹面黄白色，有不规则黑斑。

【生物学信息】卵生。栖息于海拔 200～2500 米的山区森林或丘陵，夜晚活动。主要以蜥蜴或小型蛇类为食。

【地理分布】青藏高原分布于四川（都江堰市、绵竹市、什邡市、汶川县、茂县）和西藏（墨脱县）。我国广泛分布。国外分布于印度、缅甸、尼泊尔、不丹、泰国、老挝、日本、越南、柬埔寨。

【濒危等级和保护级别】IUCN 红色名录（2022）：无危（LC）；国家重点保护野生动物名录（2021）：未列入。

中华珊瑚蛇（郭鹏拍摄于四川都江堰市）

中华珊瑚蛇（郭鹏拍摄于四川筠连县）

中华珊瑚蛇背面观（左）和腹面观（右）（雄性，侯勉拍摄于西藏墨脱县）

中华珊瑚蛇（郭鹏拍摄于四川都江堰市）

中华珊瑚蛇头部背面观（左）和身体腹面观（右）
（郭鹏拍摄于四川都江堰市）

屋蛇科 Lamprophiidae   紫沙蛇属*Psammodynastes* Günther, 1858

紫沙蛇

Psammodynastes pulverulentus (Boie, 1827)

【英文名】Common Mock Viper

【鉴别特征】体型中等。颊鳞 1 枚，不入眶；眶前鳞 1 枚；眶后鳞 2 枚。上唇鳞 8 枚，均不入眶；下唇鳞 7 或 8 枚。颔片 3 对。背鳞 17-17-15 行，平滑无棱。腹鳞 141～177 枚；肛鳞完整；尾下鳞 42～79 对。头背面紫褐色，有镶浅褐色边的暗紫色纵纹数条。身体背面紫褐色，有不规则"∧"形镶暗紫色边的浅褐色斑，或有不规则排列的深棕色短折纹；体侧具深浅相间的纵纹数条；腹面淡黄色，密布紫褐色点，或有暗褐色纵纹。

【生物学信息】卵胎生。栖息于海拔 1600 米以下的平原、山麓或低山；常见于林荫下水草丰茂的地方。主要以蛙和蜥蜴等为食。

【地理分布】青藏高原分布于云南（泸水市）和西藏（墨脱县）。我国广泛分布。国外广泛分布于东南亚和南亚。

【濒危等级和保护级别】IUCN 红色名录（2022）：无危（LC）；国家重点保护野生动物名录（2021）：未列入。

紫沙蛇（郭鹏拍摄于云南盈江县）

紫沙蛇（郭鹏拍摄于广西岑溪市）

紫沙蛇头部背面观（左）、头部侧面观（右上）和身体腹面观（右下）
（郭鹏拍摄于四川雷波县）

紫沙蛇（Abhijit Das 拍摄）

紫沙蛇（郭鹏拍摄于广西）

紫沙蛇（郭鹏拍摄于四川雷波县）

屋蛇科 Lamprophiidae

花条蛇属*Psammophis* Boie *in* Fitzinger, 1826

花条蛇

Psammophis lineolatus (Brandt, 1838)

【英文名】Steppe Ribbon Racer

【鉴别特征】体型中等偏小，头部与颈部区分明显。颊鳞1枚，不入眶；眶前鳞1枚；眶后鳞2枚；颞鳞2+3枚。上唇鳞9枚；下唇鳞9或10枚。背鳞17-17-13行，平滑无棱。腹鳞177～193枚；肛鳞二分；尾下鳞85～95对。身体背面暗灰色，有灰黑色纵纹4条；背脊正中1列鳞片色深，形成1条深灰色脊纹；腹面灰白色，腹鳞两侧有黑纹连成纵纹。

【生物学信息】卵生，每次产卵2～8枚。栖息于沙漠、半沙漠或黄土高原；白天常见于地表或灌丛的枝上。主要以蜥蜴为食，幼体亦吃昆虫。

【地理分布】青藏高原分布于云南（泸水市）和西藏（墨脱县）。我国分布于云南、西藏、新疆、甘肃、宁夏。国外分布于中亚和西亚。

【濒危等级和保护级别】IUCN红色名录（2022）：无危（LC）；国家重点保护野生动物名录（2021）：未列入。

花条蛇（郭鹏拍摄于甘肃）

花条蛇头部背面观（上）、头部侧面观（中）和身体腹面观（下）
（郭鹏拍摄于甘肃）

花条蛇（车静提供）

花条蛇（郭鹏拍摄于甘肃）

花条蛇（郭鹏拍摄于塔吉克斯坦）

水游蛇科 Natricidae ▶ 珠光蛇属 *Blythia* Theobold, 1868

珠光蛇

Blythia reticulata (Blyth, 1854)

【英文名】Blyth's Reticulated Snake

【鉴别特征】体型小。吻鳞长明显大于宽，吻端钝圆；鼻间鳞二分，与前额鳞下延至头侧与上唇鳞相接；前额鳞成对，与上唇鳞构成眼眶前缘。无颊鳞及眶前鳞；眶后鳞1枚；颞鳞1枚，较长。上唇鳞6（2-2-2）枚；下唇鳞6枚，前3枚与前额片相切。额片2对，后对极短，与第4枚下唇鳞相切。背鳞13-13-13行，平滑。腹鳞127～155枚；肛鳞二分；尾下鳞18～32对。身体背、腹面棕黑色，背面具有深蓝色珠光；体侧背鳞和腹鳞边缘色浅。尾尖呈尖锐针状。

【生物学信息】卵生。栖息于低山丘陵地区。食性不详。

【地理分布】青藏高原分布于西藏（墨脱县）。我国分布于西藏。国外分布于印度和缅甸。

【濒危等级和保护级别】IUCN 红色名录（2022）：未予评估（NE）；国家重点保护野生动物名录（2021）：未列入。

珠光蛇（Ashok Captain 拍摄）

珠光蛇
（Ashok Captain 拍摄）

珠光蛇（Ashok Captain 拍摄）

水游蛇科 Natricidae　　　　　东亚腹链蛇属 *Hebius* Thompson, 1913

黑带腹链蛇
Hebius bitaeniatus (Wall, 1925)

【英文名】Black-striped Keelback、Kutkai Keelback

【鉴别特征】体型中等。颊鳞 1 枚，入眶；眶前鳞 1 或 2 枚，眶后鳞 2 或 3 枚；前颞鳞 1 或 2 枚，后颞鳞 1～3 枚。上唇鳞 8（3-2-3、2-3-3）或 7（2-2-3）枚；下唇鳞 9 或 10 枚。颔片 2 对。背鳞 19-19-17 行，除两侧最外一行平滑外，其余具棱。腹鳞 157～181 枚；肛鳞二分；尾下鳞 59～95 对。头背后部中央有 1 条短的黄色纵纹，唇部黄色，眼后浅色纹宽而明显，与体侧纹相连。身体背面橄榄棕色，背鳞边缘色黑，两侧各有 1 列镶黑边的浅黄色纵纹通达尾末；腹鳞与背鳞交界处为黑色，雌性腹鳞两侧有黑点，前后缀连呈链纹，雄性无此链纹。

【生物学信息】卵生。栖息于海拔 800～1400 米的山区；常见于林区道路旁，夜间活动。

【地理分布】青藏高原分布于云南（贡山独龙族怒族自治县、维西傈僳族自治县、香格里拉市）。我国分布于西南和华南地区。国外分布于泰国、越南、缅甸。

【濒危等级和保护级别】IUCN 红色名录（2022）：无危（LC）；国家重点保护野生动物名录（2021）：未列入。

黑带腹链蛇（郭鹏拍摄于四川沐川县）

黑带腹链蛇（下）及其头部侧面观（上左）和身体腹面观（上右）　黑带腹链蛇（郭鹏拍摄于贵州雷公山）
（郭鹏拍摄于广西岑王老山）

黑带腹链蛇（郭鹏拍摄于贵州雷公山）

水游蛇科 Natricidae

东亚腹链蛇属 *Hebius* Thompson, 1913

白眉腹链蛇

Hebius boulengeri (Gressitt, 1937)

【英文名】Boulenger's Keelback、White-browed Keelback

【鉴别特征】体型小。颊鳞 1 枚；眶前鳞 1 枚；眶后鳞 3 枚；颞鳞 1+2 或 1+3 枚。上唇鳞以 9（3-3-3）枚为主；下唇鳞 10 枚。颔片 2 对，不相切。背鳞 19-19-17 行，除两侧最外一行平滑外，其余具棱。腹鳞 139～161 枚；肛鳞二分；尾下鳞 93～113 对。头背面暗褐色，散有灰黑色虫纹，顶鳞附近有 1 对乳白色小眼斑；头两侧眼后各有一细白纹，延至枕侧与体侧浅色纵纹相连。身体背面暗褐色，有 1 对浅色侧纵纹；腹鳞及尾下鳞两侧有黑色点斑，前后缀连成黑色腹链纹。

【生物学信息】卵生。栖息于海拔 600～1240 米的丘陵或平原地区；常见于山间盆地稻田、小溪附近、沟边草丛或杂草灌丛内。

【地理分布】青藏高原分布于云南（维西傈僳族自治县、贡山独龙族怒族自治县）。我国广泛分布。国外分布于越南和柬埔寨。

【濒危等级和保护级别】IUCN 红色名录（2022）：无危（LC）；国家重点保护野生动物名录（2021）：未列入。

白眉腹链蛇（李科拍摄于云南绿春县）

白眉腹链蛇（李科拍摄于云南绿春县）

白眉腹链蛇头部（上）和身体（下）侧面观（李科拍摄于云南绿春县）

白眉腹链蛇（李科拍摄于云南绿春县）

水游蛇科 Natricidae ▶ 东亚腹链蛇属Hebius Thompson, 1913

锈链腹链蛇

Hebius craspedogaster (Boulenger, 1899)

【英文名】Kuatun Keelback

【鉴别特征】体型中等。颊鳞 1 枚；眶前鳞 1 或 2 枚；眶后鳞 2～4 枚；颞鳞以 2+1 枚为主。上唇鳞以 8（2-3-3 或 3-2-3）枚为主；下唇鳞以 10 枚为主。颔片 2 对。背鳞 19-19-17 行，均具棱。腹鳞 132～172 枚；肛鳞二分；尾下鳞 69～101 对。头背面暗棕色，枕部两侧有 1 对黄色枕斑；腹部灰白色。身体及尾背面黑褐色，背鳞两侧各有 2 列浅黄色纵纹；腹面淡黄色，近外侧各有一窄长黑色点斑，前后缀连成腹链纹。

【生物学信息】卵生。栖息于海拔 100～1800 米的山区常绿阔叶林下；常见于各种水域如冬水田、稻田、井边、水沟、河流附近，以及路边、草丛、石砾、落叶丛中，白天活动。以蛙、蟾蜍、蝌蚪和小鱼等为食。

【地理分布】青藏高原分布于四川（都江堰市、彭州市、宝兴县、天全县、汶川县、泸定县、平武县、什邡市、茂县、绵竹市）和甘肃（文县）。我国广泛分布。国外分布于越南。

【濒危等级和保护级别】IUCN 红色名录（2022）：无危（LC）；国家重点保护野生动物名录（2021）：未列入。

锈链腹链蛇（李科拍摄于四川叙永县）

锈链腹链蛇（郭鹏拍摄于四川合江县）　　　　　锈链腹链蛇（郭鹏拍摄于四川合江县）

锈链腹链蛇头部侧面观（上左）、头部背面观（上右）和身体腹面观（下）（郭鹏拍摄于四川合江县）

水游蛇科 Natricidae　　　　　　　　东亚腹链蛇属 *Hebius* Thompson, 1913

卡西腹链蛇

Hebius khasiensis (Boulenger, 1890)

【英文名】Khasi Hills Keelback、Khasi Keelback

【鉴别特征】体型中等。眶前鳞 1 枚；眶后鳞 3 枚；颞鳞 1+3 枚。上唇鳞以 9（3-3-3）枚为主；下唇鳞以 10 枚为主，前 5 枚切前颔片。颔片 2 对。背鳞 19-19-17 行，仅最外一行弱棱或平滑，其余具强棱。腹鳞 146～155 枚；肛鳞二分；尾下鳞 72～106 对。头背部具浅色虫纹，有顶斑；唇鳞中央白色或黄色，边缘黑褐色。身体背面暗灰色或黑褐色，有或无不明显的背侧浅色纵纹；体尾腹面浅黄色，其两侧与背鳞色相似，两侧各有一棕色点。

【生物学信息】卵生。栖息于海拔 600～1600 米的山区；常见于水域附近。

【地理分布】青藏高原分布于西藏（墨脱县）。我国分布于西南地区。国外分布于印度、缅甸、老挝、越南、泰国、柬埔寨。

【濒危等级和保护级别】IUCN 红色名录（2022）：无危（LC）；国家重点保护野生动物名录（2021）：未列入。

卡西腹链蛇（任金龙拍摄于云南盈江县）

卡西腹链蛇头部背面观（左）和侧面观（右）
（任金龙拍摄于云南盈江县）

卡西腹链蛇（Ashok Captain 拍摄）

卡西腹链蛇（Ashok Captain 拍摄）

水游蛇科 Natricidae　　　　　　　　　　　东亚腹链蛇属 *Hebius* Thompson, 1913

泪纹腹链蛇

Hebius lacrima Purkayastha and David, 2019

【英文名】Crying Keelback

【鉴别特征】体型中等偏小。颊鳞 1 枚，与鼻鳞接触；眶前鳞 2 枚；眶后鳞 3 枚；颞鳞 1+1 枚，前枚大于和长于后枚。上唇鳞 9 或 10 枚，第 1～第 3 枚与鼻鳞接触，第 3 或第 4 枚与颊鳞接触，第 4～第 6 枚入眶；下唇鳞 9 或 10 枚，第 1～第 4 枚接触前颏片。颏片 2 对，后对长于前对。背鳞 19-19-17 行，除最外一行平滑和增大外，其余明显起棱。腹鳞 147 枚；肛鳞二分；尾下鳞 89 对。头侧各有 2 条白纹，一条自吻鳞一直延伸至第 6 枚上唇鳞的前半部分，另一条略高于前者，自颞区一直延伸至口角，形成一个短的"V"形图案，在第 6 枚上唇鳞后半部分有一黑色区域，将两条白纹分开。身体背面深灰褐色，夹杂有深褐色斑，无背侧点斑或者侧纹；腹面乳白色，具有由大的长形斑形成的不连续的腹侧纹。

【生物学信息】栖息于海拔 600 米左右的山区；常见于农田附近。

【地理分布】青藏高原分布于西藏（墨脱县）。我国分布于西藏。国外分布于印度。

【濒危等级和保护级别】IUCN 红色名录（2022）：数据缺乏（DD）；国家重点保护野生动物名录（2021）：未列入。

泪纹腹链蛇（Jayaditya Purkayastha 拍摄）

泪纹腹链蛇（Jayaditya Purkayastha 拍摄）

水游蛇科 **Natricidae**　　　　　　东亚腹链蛇属*Hebius* Thompson, 1913

华西腹链蛇

Hebius maximus (Malnate, 1962)

【英文名】Western China Keelback

【鉴别特征】体型中等偏小。颊鳞 1 枚；眶前鳞 1 枚；眶后鳞 2 或 3 枚；颞鳞 1+1 枚。上唇鳞 7 或 8 枚；下唇鳞 7～9 枚，第 1～第 5 枚接前颌片，第 1 对在颔鳞后相接。颌片 2 对。背鳞 17-17-17 行，除两侧最外 1 或 2 行平滑或微棱外，其余均明显起棱。腹鳞 132～143 枚；肛鳞二分；尾下鳞 64～92 对。半阴茎 "Y" 形，精沟单一。头背面红褐色，有不规则的深色或橄榄色点斑；头侧有 1 条米黄色的条纹自口角延伸至颈背部；腹面乳白色。身体及尾背面灰褐色或红褐色，两侧有白色点斑或短横斑；腹面乳白色，有腹链纹。

【生物学信息】卵生。栖息于海拔 812～1200 米的山区；常见于草丛、灌丛、溪流和流动的水沟中，主要在白天活动。以蚯蚓、蛞蝓、蝌蚪等为食。

【地理分布】青藏高原分布于四川（什邡市、绵竹市、茂县、北川羌族自治县）。我国特有种，分布于四川、贵州、重庆。

【濒危等级和保护级别】IUCN 红色名录（2022）：无危（LC）；国家重点保护野生动物名录（2021）：未列入。

华西腹链蛇（郭鹏拍摄于四川雅安市）

华西腹链蛇（李科拍摄于贵州）　　　　华西腹链蛇（郭鹏拍摄于四川雅安市）

华西腹链蛇（李科拍摄于贵州）

克钦腹链蛇

Hebius taronensis (Smith, 1940)

【英文名】Kachin Keelback

【鉴别特征】体型中等偏小。颊鳞 1 枚；眶前鳞 2 枚，上枚大于下枚；眶后鳞 3 枚；颞鳞通常 1+1 枚。上唇鳞 9 枚，第 1 和第 2 枚小而短，与鼻鳞相接，第 2 和第 3 枚与颊鳞相接，第 4～第 6 枚入眶，第 7 或第 8 枚最大；下唇鳞 10 枚，第 1～第 5 枚接前颔片，第 5 或第 6 枚最大。颔片 2 对。背鳞 17-17-17 行，中段部分中等起棱，后部除最外一行平滑外，其余强烈起棱。腹鳞 158～176 枚；肛鳞二分；尾下鳞 92～104 对。头背面深褐色或黑褐色。身体及尾背面深茶褐色、深褐色等；体侧具有淡茶褐色斑，前后形成不连续的背侧纹；腹面前段米黄色，向后逐渐呈深褐色。尾腹面深褐色。

【生物学信息】栖息于海拔 1000～1850 米潮湿的山区常绿阔叶林；常见于溪流边或石下。以蛙、蝌蚪等为食。

【地理分布】青藏高原分布于西藏南部。我国分布于西藏和云南。国外分布于缅甸和印度。

【濒危等级和保护级别】IUCN 红色名录（2022）：近危（NT）；国家重点保护野生动物名录（2021）：未列入。

克钦腹链蛇（李科拍摄于云南盈江县）

克钦腹链蛇（李科拍摄于云南盈江县）

克钦腹链蛇（李科拍摄于云南盈江县）

水游蛇科 Natricidae ▷ 东亚腹链蛇属 *Hebius* Thompson, 1913

维西腹链蛇

Hebius weixiensis Hou, Yuan, Wei, Guo and Che *in* Hou, Yuan, Wei, Zhao, Liu, Wu, Shen, Chen, Guo and Che, 2021

【英文名】Weixi Keelback Snake

【鉴别特征】体型中等。眶前鳞 1 或 2 枚；眶后鳞 3 枚。上唇鳞 8 枚；下唇鳞 8～10 枚。背鳞 19-19-17 行，除最外侧 2 行平滑外，其余均具棱。腹鳞 171～182 枚；肛鳞二分；尾下鳞 74～88 对。头背面橄榄褐色，具有深灰色或者黑色斑。身体背面褐色，前段有草黄色条纹；腹面淡黄色，腹鳞外侧边缘呈橘红色，无腹侧条纹。

【生物学信息】栖息于海拔 2000 米左右的山区。

【地理分布】青藏高原分布于云南（维西傈僳族自治县、香格里拉市、古城区、宁蒗彝族自治县、玉龙纳西族自治县）。我国特有种，分布于云南。

【濒危等级和保护级别】IUCN 红色名录（2022）：未予评估（NE）；国家重点保护野生动物名录（2021）：未列入。

维西腹链蛇（王剀拍摄于云南维西傈僳族自治县）

维西腹链蛇（王剀拍摄于云南维西傈僳族自治县）

维西腹链蛇（王剀拍摄于云南维西傈僳族自治县）

维西腹链蛇（王剀拍摄于云南玉龙纳西族自治县）

维西腹链蛇腹面观（王剀拍摄于云南维西傈僳族自治县）

维西腹链蛇头部背面观（上左）、腹面观（上右）和侧面观（下）（王剀拍摄于云南维西傈僳族自治县）

水游蛇科 **Natricidae** 　　　　　　　　 东亚腹链蛇属*Hebius* Thompson, 1913

盐边腹链蛇

Hebius yanbianensis Liu, Zhong, Wang, Liu and Guo, 2018

【英文名】Yanbian Keelback Snake

【鉴别特征】体型中等偏小，头部与颈部区分明显。鼻鳞二分；颊鳞 1 枚；眶前鳞 2 枚；眶后鳞 3 枚；颞鳞 6 枚。上唇鳞 8 枚，第 4、第 5 枚与眼眶接触，第 6 枚最大；下唇鳞 10 枚，前 5 枚与前颌片相接。背鳞 19-19-17 行，除最外侧 2 行平滑外，其余均弱棱。腹鳞 172 枚；肛鳞二分；尾下鳞 90 对。上颌骨齿 23～25 枚，最后 2 枚明显增大，最后 2 枚与前面的牙齿之间无间隔。头、身体及尾背面灰褐色；腹面淡黄色。身体背面部分鳞片的一

侧边缘呈黄色。腹鳞两侧有黑点，形成明显的腹链纹。

【生物学信息】栖息于海拔 2000 米以上的林区或林缘一带。

【地理分布】青藏高原分布于四川（盐边县、稻城县）、云南（香格里拉市）。我国特有种，分布于四川和云南。

【濒危等级和保护级别】IUCN 红色名录（2022）：未予评估（NE）；国家重点保护野生动物名录（2021）：未列入。

盐边腹链蛇（钟光辉拍摄于四川盐边县）

盐边腹链蛇（郭鹏拍摄于云南香格里拉市）

盐边腹链蛇头部侧面观（左上）、头部背面观（左下）和身体腹面观（右）（郭鹏拍摄于云南香格里拉市）

盐边腹链蛇（郭鹏拍摄于云南香格里拉市）

水游蛇科 Natricidae　　　喜山腹链蛇属*Herpetoreas* Günther, 1860

察隅腹链蛇

Herpetoreas burbrinki Guo, Zhu, Liu, Zhang, Li, Huang and Pyron, 2014

【英文名】Burbrink's Keelback

【鉴别特征】体型小。鼻间鳞三角形,宽大于长;前额鳞大,向下延伸至头侧;额鳞长大于宽;眶上鳞与前额鳞相切较多。鼻鳞完整,鼻孔侧位;颊鳞1枚;眶前鳞1或2枚;眶后鳞3枚;颞鳞3+2枚。上唇鳞8枚;下唇鳞10枚。背鳞19-19-17行,均具棱。腹鳞169～172枚;肛鳞二分;尾下鳞94～96对。身体及尾背面红褐色,体侧具1条污白色纵纹;腹面浅红色,窄长的黑点形成腹链纹。

【生物学信息】栖息于海拔约2000米的林区;常见于林区路上或稻田附近。

【地理分布】青藏高原分布于西藏(察隅县)。我国分布于西藏。国外分布于印度、孟加拉国、不丹。

【濒危等级和保护级别】IUCN 红色名录(2022):未予评估(NE);国家重点保护野生动物名录(2021):未列入。

察隅腹链蛇(郭鹏拍摄于西藏察隅县)

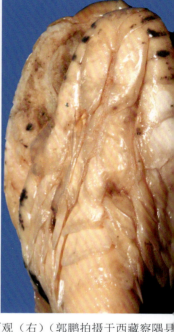

察隅腹链蛇（郭鹏拍摄于西藏察隅县）　　　　　察隅腹链蛇头部背面观（左）和腹面观（右）（郭鹏拍摄于西藏察隅县）

察隅腹链蛇生境（郭鹏拍摄于西藏察隅县）

水游蛇科 **Natricidae** ＞ 喜山腹链蛇属*Herpetoreas* Günther, 1860

平头腹链蛇

Herpetoreas platyceps (Blyth, 1854)

【英文名】Himalayan Keelback

【鉴别特征】体型中等。鼻间鳞三角形，宽大于长；前额鳞大，延伸至头侧；额鳞长大于宽；眶上鳞与前额鳞相切较多。鼻鳞完整，鼻孔侧位；颊鳞1枚，不入眶；眶前鳞1或2枚；眶后鳞3枚；颞鳞1+1或2+2枚。上唇鳞8枚，第3～第5枚与眼眶接触；下唇鳞9或10枚，前4或前5枚切前颏片。背鳞19-19-17行，雄性均具强棱，雌性除最外一行平滑，其余具弱棱。腹鳞172～223枚；肛鳞二分；尾下鳞86～112对。头背面灰褐色，眼后1条细黑纹向后直达口角。身体及尾背面橄榄棕色或深褐色；腹面黄白色。

【生物学信息】栖息于海拔1500～3000米的山区；常见于公路边、石缝中。

【地理分布】青藏高原分布于西藏（聂拉木县、吉隆县）。我国分布于西藏。国外分布于印度、不丹、尼泊尔、孟加拉国、巴基斯坦。

【濒危等级和保护级别】IUCN红色名录（2022）：无危（LC）；国家重点保护野生动物名录（2021）：未列入。

平头腹链蛇（王剀拍摄于西藏吉隆县）

平头腹链蛇及其身体腹面观（左下）（王剀拍摄于西藏吉隆县）   平头腹链蛇（王剀拍摄于西藏吉隆县）

平头腹链蛇（齐硕拍摄于西藏吉隆县）

水游蛇科 **Natricidae**　▶　喜山腹链蛇属*Herpetoreas* Günther, 1860

锡金腹链蛇

Herpetoreas sieboldii Günther, 1860

【英文名】Siebold's Keelback，Sikkim Keelback

【鉴别特征】头部与颈部区分明显。鼻间鳞鳞沟长小于鼻间鳞与前额鳞沟长。鼻鳞分开或半分开；眶前鳞 1 枚；眶后鳞 2 或 3 枚；颞鳞 1+2 枚。上唇鳞 8 枚，第 3～第 5 枚入眶；下唇鳞 9～11 枚，前 4 枚与前额片相接。额片 2 对，后额片长是前额片长的 2/3。背鳞中段 19 行，中度起棱。腹鳞 168～207 枚；肛鳞二分；尾下鳞 81～111 枚。头背部前端深色，两侧颜色较浅，枕部有 1 对浅色斑，顶骨后具条纹。身体背面褐色或橄榄色，具深色斑或纹。头体腹面浅色，后部有深灰色斑或点。

【生物学信息】卵生，每次产卵 5 枚。栖息于海拔 1219～3658 米的高山或亚高山山区；昼行性，陆栖。以蛙、蛙卵、蝌蚪、蜥蜴等为食。

【地理分布】青藏高原分布于西藏（聂拉木县、亚东县）。我国分布于西藏。国外分布于缅甸、印度、尼泊尔、巴基斯坦。

【濒危等级和保护级别】IUCN 红色名录（2022）：数据缺乏（DD）；国家重点保护野生动物名录（2021）：未列入。

锡金腹链蛇（郭鹏拍摄于西藏亚东县）

锡金腹链蛇（郭鹏拍摄于西藏亚东县）

锡金腹链蛇头部侧面观（左上）、头部背面观（右）和身体腹面观（左下）（郭鹏拍摄于西藏亚东县）

水游蛇科 **Natricidae**　　　　　喜山腹链蛇属*Herpetoreas* Günther, 1860

墨脱腹链蛇

Herpetoreas tpser Ren, Jiang, Huang, David and Li, 2022

【英文名】Mêdog Himalayas Keelback

【鉴别特征】颊鳞 1 枚；眶前鳞 1 枚；眶后鳞以 3 枚为主，偶尔 2 枚；颞鳞排列和数量变化较大。上唇鳞 8（2-3-3）或 9 枚，第 3～第 5 枚或 4～6 枚入眶；下唇鳞 8～10 枚，以 10 枚为主。颔片 2 对。背鳞 19-19-17 行，均具棱或者仅最外一行平滑。腹鳞 153～167 枚；肛鳞二分；尾下鳞 79～97 对。上颌骨齿 20 或 21 枚，后端略微增大。头背面浅棕色，头侧自眼后至口角处有一较窄的不规则黑褐色条纹；上唇鳞颜色较为一致，无或少斑。身体背面棕红色，具有不明显的网状纹或不规则的深色斑；腹面一致乳白色、米黄色或者橘红色，腹鳞外侧缘黑褐色。

【生物学信息】栖息于海拔 1000～2000 米的常绿阔叶林或者林缘植被茂密的地方；常于白天见于离水源较近的灌木丛、草丛、耕地中或枯木下，有时也见于路边。

【地理分布】青藏高原分布于西藏（墨脱县）。我国特有种，分布于西藏。

【濒危等级和保护级别】IUCN 红色名录（2022）：未予评估（NE）；国家重点保护野生动物名录（2021）：未列入。

墨脱腹链蛇（侯勉拍摄于西藏墨脱县）

墨脱腹链蛇（侯勉拍摄于西藏墨脱县）

墨脱腹链蛇背面观（上）和腹面观（下）
（侯勉拍摄于西藏墨脱县）

墨脱腹链蛇头部背面观（上左）、腹面观（上右）和侧面观（下）
（侯勉拍摄于西藏墨脱县）

水游蛇科 **Natricidae**　　　　　水游蛇属*Natrix* Laurenti, 1768

棋斑水游蛇
Natrix tesselata (Laurenti, 1768)

【英文名】Dice Snake

【鉴别特征】体型中等偏大。鼻间鳞前端极窄，鼻孔背侧位。颊鳞 1 枚；眶前鳞 3 枚；眶后鳞 35 枚；颞鳞以 1+2 枚为主。上唇鳞 8 枚；下唇鳞 9～11 枚。颏片 2 对。背鳞 19-19-17 行，雄性全部具棱，雌性最外 1～3 行平滑。腹鳞 173～184 枚；肛鳞二分；尾下鳞 54～76 对。头背面通常呈橄榄灰色，枕部有一黑色"八"字形斑；腹面污白色。身体及尾背面通常呈橄榄绿色，有数列交错排列的粗大黑斑；腹面黄白色或红棕色，有的腹鳞中间有黑斑。

【生物学信息】卵生，每次产卵可达 15 枚。栖息于平原、丘陵或山区；常见于溪流或沼泽地、水渠、池塘等水域。主要以鱼、蛙、蟾蜍、蝌蚪为食，也食鼠和昆虫。

【地理分布】青藏高原分布于新疆（和田县）。我国分布于新疆。国外分布于中欧、非洲东北部、中亚、俄罗斯、巴基斯坦北部等。

【濒危等级和保护级别】IUCN 红色名录（2022）：无危（LC）；国家重点保护野生动物名录（2021）：未列入。

棋斑水游蛇（郭鹏拍摄于塔吉克斯坦）

棋斑水游蛇（郭鹏拍摄于塔吉克斯坦）

棋斑水游蛇（郭鹏拍摄于新疆）

棋斑水游蛇（郭鹏拍摄于塔吉克斯坦）

棋斑水游蛇（郭鹏拍摄于塔吉克斯坦）

棋斑水游蛇头部背面观（上左）、头部腹面观（上右）、头部侧面观（中）和身体腹面观（下）（郭鹏拍摄于塔吉克斯坦）

水游蛇科 **Natricidae**　　　　颈棱蛇属*Pseudagkistrodon* Van Denburgh, 1909

颈棱蛇

Pseudagkistrodon rudis (Boulenger, 1906)

【英文名】Red Keelback、False Habu

【鉴别特征】体型中等偏大。前额鳞 1 对、3 枚或 4 枚并列。颊鳞 1 枚，入眶；颞鳞 3+4 枚，显著起棱。上唇鳞 7 或 8 枚，均不入眶；下唇鳞 8 或 9 枚。背鳞 23-23-19 行，显著起棱。腹鳞 123～155 枚；肛鳞二分；尾下鳞 44～60 对。头背面棕褐色，自吻端经鼻孔、眼到口角有 1 条细黑纹，黑纹以下部分土黄色或者土红色；腹面淡黄色。身体及尾背面黄褐色，有若干略近方形或椭圆形的黑褐色大斑；腹面深褐色，散有黑色斑纹。

【生物学信息】卵胎生，一次产仔可达 30 条。栖息于海拔 600～2700 米的山区；常见于草丛、干涸山沟、公路边、乱石堆等处。主要以蛙、蟾蜍等为食，也食蜥蜴。

【地理分布】青藏高原分布于四川（盐源县）。我国特有种，广泛分布。

【濒危等级和保护级别】IUCN 红色名录（2022）：未予评估（NE）；国家重点保护野生动物名录（2021）：未列入。

颈棱蛇（郭鹏拍摄于安徽黄山市）

颈棱蛇（郭鹏拍摄于四川会理市）　　　　　　　　颈棱蛇（郭鹏拍摄于四川会理市）

颈棱蛇（郭鹏拍摄于安徽黄山市）　　　　　　　　颈棱蛇幼体（李科拍摄）

颈棱蛇头部背面观（左）、头部侧面观（右上）和身体腹面观（右下）（郭鹏拍摄于安徽黄山市）

螭吻颈槽蛇

Rhabdophis chiwen Chen, Ding, Chen and Piao *in* Piao, Chen, Wu, Shi, Takeuchi, Jono, Fukuda, Mori, Tang, Chen and Ding, 2020

【英文名】Chiwen Keelback

【鉴别特征】体型中等偏小。颊鳞 1 枚；眶前鳞 1 枚；眶后鳞 3 枚；颞鳞 1+1 枚。上唇鳞 5 枚，第 3 和第 4 枚入眶；下唇鳞 7 枚，前 4 枚与前颔片相接。背鳞 15-15-15 行，除最外 1～2 行平滑外，其余具弱棱。腹鳞 151～159 枚；肛鳞二分；尾下鳞 45～59 对。眼睛深卡其色，瞳孔黑色。眼眶下有一深色纹，在第 4 和第 5 枚上唇鳞之间斜向下。身体背面棕褐色，背鳞边缘深色，形成点或斑；腹面深黑色或者卡其色。

【生物学信息】栖息于海拔 1100～2200 米的山区；常见于农田或者水源附近。主要以蚯蚓和萤火虫为食。

【地理分布】青藏高原分布于四川（泸定县、天全县、宝兴县）。我国特有种，分布于四川。

【濒危等级和保护级别】IUCN 红色名录（2022）：未予评估（NE）；国家重点保护野生动物名录（2021）：未列入。

螭吻颈槽蛇（郭鹏拍摄于四川宝兴县）

缅甸颈槽蛇（郭鹏拍摄于西藏察隅县）

缅甸颈槽蛇（袁智勇拍摄于云南贡山独龙族怒族自治县）

缅甸颈槽蛇（郭鹏拍摄于西藏巴宜区）

缅甸颈槽蛇半阴茎（YBU071121，郭鹏拍摄于西藏察隅县）

缅甸颈槽蛇头部背面观（上左）、头部腹面观（上右）和身体腹面观（下）（郭鹏拍摄于西藏巴宜区）

水游蛇科 **Natricidae**　　　颈槽蛇属*Rhabdophis* Fitzinger, 1843

颈槽蛇

Rhabdophis nuchalis (Boulenger, 1891)

【英文名】Hubei Keelback

【鉴别特征】体型中等偏小。颊鳞 1 枚；眶前鳞 1 枚；眶后鳞 3 枚；颞鳞 1+1 或 1+2 枚。上唇鳞 6（2-2-2）枚，第 5 枚最长；下唇鳞 7 或 8 枚，前 4 枚切前颌片。颌片 2 对。背鳞 15-15-15 行，除两侧最外 1 行平滑外，其余均具棱。腹鳞 155～169 枚；肛鳞二分；尾下鳞 43～60 对。头背面橄榄绿色，上唇鳞色略浅，部分鳞缘黑色；腹面灰褐色。身体及尾背面橄榄绿色，杂以绛红色及黑色斑，鳞间皮肤白色；腹面砖红色。

【生物学信息】卵生。栖息于海拔 620～1860 米的山区；常见于公路边、山间小路、草丛石堆、耕作地或水域附近，白天活动。主要取食蚯蚓、蛞蝓等。

【地理分布】青藏高原分布于四川（理县、茂县、彭州市、都江堰市、汶川县、平武县、什邡市、绵竹市、松潘县、北川羌族自治县、黑水县）和甘肃（文县）。我国主要分布于四川、甘肃、陕西、湖北、河南、湖南等。国外分布于印度、缅甸、越南。

【濒危等级和保护级别】IUCN 红色名录（2022）：无危（LC）；国家重点保护野生动物名录（2021）：未列入。

颈槽蛇（郭鹏拍摄于湖南石门县）

颈槽蛇（左）及其卵（右）（郭鹏拍摄于四川安州区）

颈槽蛇（郭鹏拍摄于四川茂县）

水游蛇科 **Natricidae** 　　颈槽蛇属*Rhabdophis* Fitzinger, 1843

九龙颈槽蛇

Rhabdophis pentasupralabialis Jiang and Zhao, 1983

【英文名】Sichuan Groove-necked Keelback

【鉴别特征】体型小。颊鳞 1 枚；眶前鳞 1 枚；眶后鳞 2 或 3 枚；颞鳞以 1+1 枚为主。上唇鳞 5（2-2-1）枚；下唇鳞以 6 枚为主，前 4 枚切前颏片。颏片 2 对。背鳞 15-15-15 行，中段外侧 2～3 行平滑，其余具弱棱。腹鳞 149～163 枚；肛鳞二分；尾下鳞 47～69 对。身体背面橄榄绿色或草绿色；腹面灰白色或灰绿色，前后 2 枚腹鳞之间黑褐色。

【生物学信息】卵生。栖息于海拔 1200～3200 米的山区；常见于农耕区或林下草丛中，白天活动。以蚯蚓或萤火虫幼体为食。

【地理分布】青藏高原分布于四川（九龙县、木里藏族自治县、冕宁县、盐源县）。我国特有种，分布于四川。

【濒危等级和保护级别】IUCN 红色名录（2022）：无危（LC）；国家重点保护野生动物名录（2021）：未列入。

九龙颈槽蛇（郭鹏拍摄于四川九龙县）

九龙颈槽蛇身体腹面观和头部侧面观（右上）（郭鹏拍摄于四川九龙县）

九龙颈槽蛇半阴茎（YBU091037，黄俊杰拍摄于四川九龙县）

九龙颈槽蛇（郭鹏拍摄于四川九龙县）

九龙颈槽蛇卵（郭鹏拍摄于四川九龙县）

水游蛇科 **Natricidae**　　　　　　颈槽蛇属*Rhabdophis* Fitzinger, 1843

虎斑颈槽蛇

Rhabdophis tigrinus (Boie, 1826)

【英文名】Tiger Keelback

【鉴别特征】体型中等。颊鳞 1 枚；眶前鳞 2 枚；眶后鳞 3 或 4 枚；颞鳞以 1+2 枚为主。上唇鳞 7（2-2-3）或 8（2-3-3）枚；下唇鳞 9 枚，前 5 枚切前颔片。背鳞 19-19-17 行，全部具棱或仅最外一行平滑。腹鳞 146～160 枚；肛鳞二分；尾下鳞 51～74 对。头背面暗绿色，上唇鳞污白色，鳞沟黑色；眼正下方及眼斜后方各有 1 条粗黑纹；腹面白色。身体及尾背面翠绿色或草绿色，躯干前段两侧有粗大、相间排列的黑色与橘红色斑块；腹面黄绿色，腹鳞游离缘的颜色较浅。

【生物学信息】卵生。栖息于海拔 2200 米以下；常见于有水草的地方，以及农田、水沟、池塘等多蛙、蟾的地方，也见于远离水域但潮湿多草的山坡。主要取食蛙、蟾，也吃蝌蚪和小鱼。

【地理分布】青藏高原分布于四川（都江堰市、盐源县、天全县）、甘肃（文县）。我国广泛分布。国外分布于日本、俄罗斯、朝鲜、韩国、越南。

【濒危等级和保护级别】IUCN 红色名录（2022）：无危（LC）；国家重点保护野生动物名录（2021）：未列入。

虎斑颈槽蛇（郭鹏拍摄于四川天全县）

虎斑颈槽蛇（郭鹏拍摄于四川洪雅县）

虎斑颈槽蛇（郭鹏拍摄于四川宣汉县）

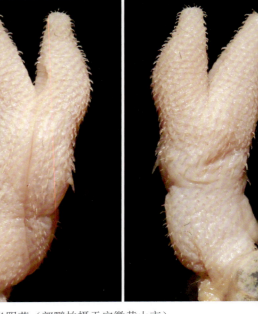

虎斑颈槽蛇半阴茎（郭鹏拍摄于安徽黄山市）

虎斑颈槽蛇（郭鹏拍摄于四川洪雅县）

虎斑颈槽蛇（郭鹏拍摄于四川天全县）

水游蛇科 **Natricidae** 　　　　　　　　　　　　　　坭蛇属 *Trachischium* Günther, 1858

艾氏坭蛇

Trachischium apteii Bhosale, Gowande and Mirza, 2019

【英文名】Apte's Worm-eating Snake

【鉴别特征】体型小，尾长占体全长的 11%～13%。吻鳞近似三角形，长大于宽。鼻鳞完整，被 1 对鼻间鳞间隔；颊鳞 1 枚；眶前鳞 1 枚；颞鳞 1+1 枚，前者较长。上唇鳞 6 枚，第 3、第 4 枚与眼眶接触，第 6 枚最大；下唇鳞 6 枚。颔片 2 对，前对明显大于后对。背鳞 15-15-15 行，平滑，具光泽。腹鳞 143～150 枚；肛鳞二分；尾下鳞 25～28 对。颈部无斑。身体背面黑褐色或深褐色，具不明显的纵条纹；腹面黄色。

【生物学信息】栖息于海拔 2000 米左右的林区；白天躲于石头或者枯木下。

【地理分布】青藏高原分布于西藏（藏南地区）。我国分布于西藏。国外分布于印度。

【濒危等级和保护级别】IUCN 红色名录（2022）：未予评估（NE）；国家重点保护野生动物名录（2021）：未列入。

艾氏坭蛇（Zeeshan A. Mirza 拍摄）

水游蛇科 Natricidae

坭蛇属 *Trachischium* Günther, 1858

耿氏坭蛇

Trachischium guentheri Boulenger, 1890

【英文名】Günther's Worm-eating Snake、Rosebelly Worm-eating Snake

【鉴别特征】体型小；吻端略尖，头部与颈部区分不明显。鼻鳞完整；颊鳞 1 枚；眶前鳞 1 枚；眶后鳞 1 枚；颞鳞 1+2 枚。上唇鳞 6 枚，第 3～第 4 枚入眶；下唇鳞 6 枚，前 3 或 4 枚接前颏片。颏片 2 对。背鳞 13-13-13 行，平滑无棱，具金属光泽。腹鳞 132～145 枚；肛鳞二分；尾下鳞 30～43 对。身体背面灰棕色，自颈部至体中段两侧各有 3 条明显的棕黑色纵纹；腹面乳白色，无斑。头和尾腹面具深灰色细点斑。

【生物学信息】卵生。栖息于海拔 2000 米左右植被较好的林区。

【地理分布】青藏高原分布于西藏（聂拉木县、亚东县）。我国分布于西藏。国外分布于印度、尼泊尔、不丹、孟加拉国。

【濒危等级和保护级别】IUCN 红色名录（2022）：易危（VU）；国家重点保护野生动物名录（2021）：未列入。

耿氏坭蛇（王剀拍摄于西藏聂拉木县）

耿氏坭蛇（雌性，齐硕拍摄于西藏聂拉木县）

耿氏坭蛇（王剀拍摄于西藏聂拉木县）

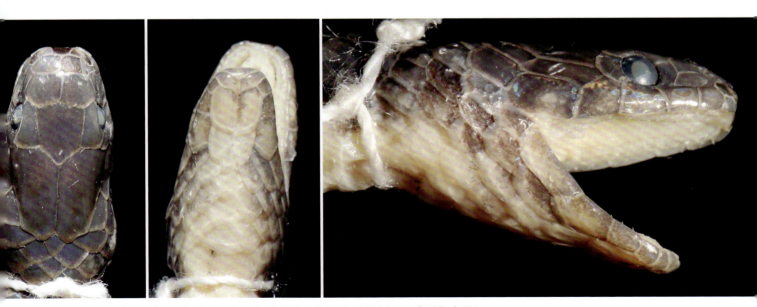

耿氏坭蛇头部背面观（左）、腹面观（中）和侧面观（右）（郭鹏拍摄于西藏聂拉木县）

水游蛇科 Natricidae | 坭蛇属 *Trachischium* Günther, 1858

山坭蛇

Trachischium monticola (Cantor, 1839)

【英文名】Mountain Worm-eating Snake

【鉴别特征】体型小；吻端略尖，头部与颈部区分不明显。鼻鳞完整；颊鳞 1 枚；眶前鳞 1 枚；眶后鳞 2 枚；颞鳞 1+1 枚。上唇鳞 6（2-2-2）枚；下唇鳞 6 枚，前 4 枚接前颌片。颌片 2 对。背鳞 15-15-15 行，平滑无棱，具金属光泽。腹鳞 132～135 枚；肛鳞二分；尾下鳞 26～29 对。上唇鳞具黄白色斑。身体背面棕褐色；体两侧自颌部末端至尾部各具 1 条镶黑褐色细边的浅橘红色纵纹；腹面橘红色，无斑。尾腹面颜色略深，具黑褐色细斑点或无。

【生物学信息】卵生。栖息于海拔 800 米左右林区的潮湿落叶堆下。可能以蚁卵或幼虫为食。

【地理分布】青藏高原分布于西藏（墨脱县）。我国分布于西藏。国外分布于印度、孟加拉国。

【濒危等级和保护级别】IUCN 红色名录（2022）：无危（LC）；国家重点保护野生动物名录（2021）：未列入。

山坭蛇（王剀拍摄于西藏墨脱县）

山坭蛇（王剀拍摄于西藏墨脱县）

山坭蛇（蒋珂拍摄于西藏墨脱县）

山坭蛇身体腹面观和半阴茎（左下）（王剀拍摄于西藏墨脱县）

山坭蛇头部背面观（上左，王帅拍摄于西藏墨脱县）、腹面观（上右，王剀拍摄于西藏墨脱县）和侧面观（下，王剀拍摄于西藏墨脱县）

水游蛇科 Natricidae　　　　　**坭蛇属 *Trachischium* Günther, 1858**

小头坭蛇

Trachischium tenuiceps (Blyth, 1854)

【英文名】Yellow Belly Worm-eating Snake

【鉴别特征】体型小。鼻鳞完整；颊鳞1枚；眶前鳞1枚；眶后鳞2枚；颞鳞1+2枚。上唇鳞6（2-2-2）枚；下唇鳞5枚，前4枚接前颔片。颔片2对。背鳞13-13-13行，平滑。腹鳞143枚；肛鳞二分；尾下鳞32对。体背棕褐色，鳞片具金属光泽，体前段两侧各具1条不明显的深棕色纵线；腹面浅橘黄色，无斑。

【生物学信息】栖息于海拔2000米的林区；常见于植被较好的潮湿处。

【地理分布】青藏高原分布于西藏（聂拉木县、亚东县、墨脱县）。我国分布于西藏。国外分布于印度、孟加拉国、不丹、尼泊尔。

【濒危等级和保护级别】IUCN红色名录（2022）：数据缺乏（DD）；国家重点保护野生动物名录（2021）：未列入。

小头坭蛇头部背面观（左上一）、头部腹面观（左上二）、头部侧面观（左下）和身体腹面观（右）
（头部：蒋珂拍摄于西藏墨脱县；身体：王帅拍摄于西藏墨脱县）

小头坭蛇（蒋珂拍摄于西藏墨脱县）

小头坭蛇（蒋珂拍摄于西藏墨脱县）

小头坭蛇生境（蒋珂拍摄于西藏墨脱县）

| 水游蛇科 Natricidae | 环游蛇属 *Trimerodytes* Cope, 1895 |

乌华游蛇

Trimerodytes percarinatus (Boulenger, 1899)

【英文名】Olive Annulate Keelback、Eastern Water Snake、Olive Keelback

【鉴别特征】体型中等偏大；鼻孔背侧位。颊鳞1枚；眶前鳞1枚；眶后鳞3～5枚；颞鳞以2+3枚为主。上唇鳞9（3-2-4）枚；下唇鳞10枚。颔片2对。背鳞19-19-17行，均具棱。腹鳞132～144枚；肛鳞二分；尾下鳞50～81对。头背面橄榄灰色；腹面灰白色。身体及尾背面砖灰色，体侧橘红色，有明显的黑褐色环纹，环纹延续到腹中线交错排列；腹面灰白色，尾下鳞边缘黑色。

【生物学信息】卵生，每次产卵4～8枚。栖息于平原、丘陵或山区；常见于溪流、池塘、稻田、水凼等水域及其附近，以白天活动为主。主要以鱼、蛙、蝌蚪等为食。

【地理分布】青藏高原分布于四川（北川羌族自治县、九寨沟县）。我国广泛分布。国外分布于缅甸、泰国、老挝、印度、越南。

【濒危等级和保护级别】IUCN红色名录（2022）：无危（LC）；国家重点保护野生动物名录（2021）：未列入。

乌华游蛇（郭鹏拍摄于四川叙永县）

乌华游蛇（郭鹏拍摄于四川筠连县）

乌华游蛇（郭鹏拍摄于四川洪雅县）

乌华游蛇（郭鹏拍摄于贵州梵净山）

钝头蛇科Pareidae	钝头蛇属 *Pareas* Wagler, 1830

平鳞钝头蛇

Pareas boulengeri (Angel, 1920)

【英文名】Boulenger's Slug Snake

【鉴别特征】体型小；头大，与颈部区分明显；吻端宽钝。鼻间鳞鳞沟短于前额鳞鳞沟；前额鳞入眶；额鳞六边形；顶鳞鳞沟短于其前各鳞片长度之和。颊鳞1枚，入眶甚多；无眶前鳞；眶下鳞与眶后鳞愈合；颞鳞2+3枚。上唇鳞7或8枚，均不入眶；下唇鳞7～9枚。颔片3对，其间不形成颔沟。背鳞15-15-15行，平滑无棱。腹鳞175～195枚；肛鳞完整；尾下鳞61～73对。头背面密被黑褐色粗点斑，眼后有2条细黑线纹。身体背面黄褐色，有黑色横纹；腹面淡黄色。

【生物学信息】卵生。栖息于海拔313～1360米的山区林间或耕地附近，夜间活动。主要以蜗牛和蛞蝓等为食。

【地理分布】青藏高原分布于四川（彭州市、都江堰市、北川羌族自治县、汶川县、什邡市、绵竹市、茂县）和甘肃（文县）。我国特有种，广泛分布。

【濒危等级和保护级别】IUCN红色名录（2022）：无危（LC）；国家重点保护野生动物名录（2021）：未列入。

平鳞钝头蛇（郭鹏拍摄于四川青川县）

平鳞钝头蛇（李科拍摄于四川青川县）

平鳞钝头蛇（李科拍摄于四川青川县）　　　　　　　平鳞钝头蛇（郭鹏拍摄于四川青川县）

平鳞钝头蛇（郭鹏拍摄于四川青川县）

| 钝头蛇科Pareidae | 钝头蛇属 *Pareas* Wagler, 1830 |

中国钝头蛇

Pareas chinensis (Barbour, 1912)

【英文名】Chinese Slug Snake

【鉴别特征】体型小；头大，与颈部区分明显；吻端钝圆。鼻间鳞长宽略等；前额鳞宽超过长，入眶；额鳞长大于宽。颊鳞 1 枚，不入眶或者仅尖端入眶；眶前鳞 1 枚；眶下鳞 1 枚；眶后鳞 1 枚，有时眶下鳞与眶后鳞愈合；颞鳞 2+3 枚。上唇鳞 7～9 枚，均不入眶；下唇鳞 7～9 枚。颔片 3 对。背鳞 15-15-15 行，平滑或仅中央 3 行微棱。腹鳞 166～192 枚；肛鳞完整；尾下鳞 56～84 对。头背面棕褐色，有密集的小棕黑点；头侧各有 1 条棕黑线。身体背面棕褐色或者棕黄色，有细黑点连成的横纹或网纹。

【生物学信息】卵生。栖息于海拔 300～2000 米的山区；常见于林间或者路边，夜间活动。主要以蜗牛和蛞蝓为食。

【地理分布】青藏高原分布于四川（宝兴县、芦山县、北川羌族自治县、都江堰市）。我国分布于华南和西南地区大部。国外可能分布于缅甸。

【濒危等级和保护级别】IUCN 红色名录（2022）：无危（LC）；国家重点保护野生动物名录（2021）：未列入。

中国钝头蛇（郭鹏拍摄于四川峨边彝族自治县）

中国钝头蛇（郭鹏拍摄于四川峨边彝族自治县）　　　　中国钝头蛇（郭鹏拍摄于四川荥经县）

中国钝头蛇（郭鹏拍摄于四川荥经县）　　　　中国钝头蛇（郭鹏拍摄于四川荥经县）

中国钝头蛇半阴茎（YBU21118，郭鹏拍摄）

钝头蛇科**Pareidae**　　　　　　　　钝头蛇属 *Pareas* Wagler, 1830

横斑钝头蛇

Pareas macularius Theobald, 1868

【英文名】Mountain Slug Snake

【鉴别特征】体型小，头与颈部区分明显；吻端钝圆。前额鳞入眶。颊鳞1枚，不入眶；眶前鳞1枚；眶下鳞1枚；眶后鳞1枚；颞鳞2+2或2+3枚。上唇鳞7枚；下唇鳞7枚。背鳞15-15-15行，中央7～9行具棱。腹鳞150～165枚；肛鳞完整；尾下鳞33～46对。身体背面紫蓝色，有较多黑白横斑；腹面密布深色粗点斑。

【生物学信息】卵生。栖息于海拔920～1620米的山区，夜晚活动。主要以蜗牛、蛞蝓等软体动物为食。

【地理分布】青藏高原分布于云南（泸水市）。我国分布于海南、广东、香港、广西、贵州、云南等。国外分布于泰国、印度、越南、缅甸、老挝、孟加拉国。

【濒危等级和保护级别】IUCN红色名录（2022）：无危（LC）；国家重点保护野生动物名录（2021）：未列入。

横斑钝头蛇（郭鹏拍摄于云南西畴县）

横斑钝头蛇（郭鹏拍摄于云南西畴县）　　　　　　　　横斑钝头蛇（郭鹏拍摄于广西苍梧县）

横斑钝头蛇头部背面观（左上）、头部侧面观（左下）和身体腹面观（右）（郭鹏拍摄于云南西畴县）

| 钝头蛇科Pareidae | 钝头蛇属 *Pareas* Wagler, 1830 |

喜山钝头蛇
Pareas monticola (Cantor, 1839)

【英文名】Common Slug Snake、Himalayan Slug-eating Snake、Assam Snail-eater

【鉴别特征】体型小；吻端钝圆。鼻间鳞宽超过长；前额鳞长与宽约相等，入眶多。鼻鳞大，鼻孔位于中央；颊鳞1枚，后端入眶；无眶前鳞；眶下鳞1枚；眶后鳞1或2枚；颞鳞1+2或2+3枚。上唇鳞7或8枚，均不入眶；下唇鳞7或8枚。颔片3对，不形成颔沟。背鳞15-15-15行，均平滑或中央数行弱棱。腹鳞184～196枚；肛鳞完整；尾下鳞72～86对。头背面顶鳞之后有一呈"H"形的黑斑。身体背面棕褐色，具黑色横纹；腹面淡黄色，有黑褐色点斑。

【生物学信息】卵生。栖息于海拔1000～2000米的山区；常见于农耕地，夜晚出来觅食。以蜗牛和蛞蝓等为食。

【地理分布】青藏高原分布于西藏（墨脱县）、云南（泸水市）。我国分布于西藏和云南。国外分布于印度、不丹、越南、缅甸。

【濒危等级和保护级别】IUCN红色名录（2022）：无危（LC）；国家重点保护野生动物名录（2021）：未列入。

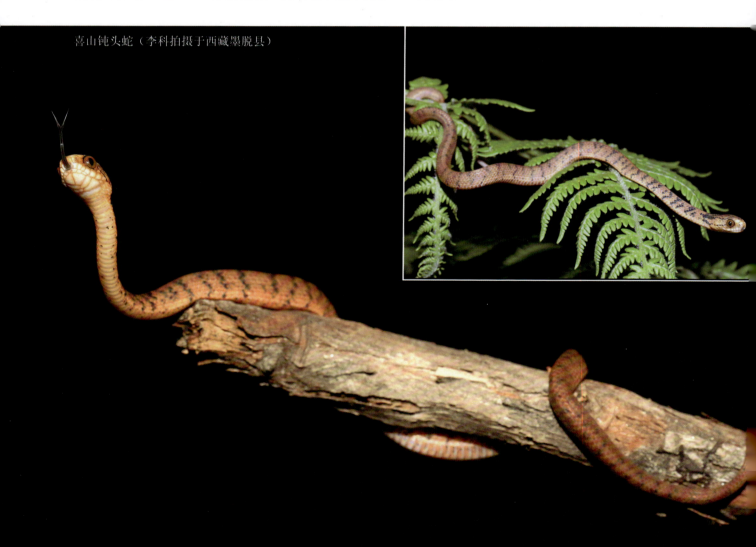

喜山钝头蛇（李科拍摄于西藏墨脱县）

喜山钝头蛇及其半阴茎（左下）（吕顺清拍摄于西藏墨脱县）

喜山钝头蛇（侯勉拍摄于西藏墨脱县）

喜山钝头蛇（李科拍摄于西藏墨脱县）

| 钝头蛇科Pareidae | 钝头蛇属 *Pareas* Wagler, 1830 |

黑顶钝头蛇

Pareas nigriceps Guo and Deng, 2009

【英文名】Xiaoheishan Slug-eater Snake

【鉴别特征】体型小。鼻间鳞鳞沟长略小于额鳞鳞沟长。颊鳞 1 枚；眶前鳞 1 枚；眶后鳞和眶下鳞愈合成 1 枚；颞鳞 1+2 或 2+3 枚。上唇鳞 7 枚，不入眶；下唇鳞 7 枚。颔片 3 对，不形成颔沟。背鳞 15-15-15 行，中央 9 行具弱棱。腹鳞 175 枚；肛鳞完整；尾下鳞 76 对。头顶有 1 个黑色、卵圆形大斑，头侧各有 2 个黑色圆形斑；身体背面黑褐色（Guo and Deng, 2009）。

【生物学信息】栖息于海拔 2000 米左右的常绿阔叶林中。

【地理分布】青藏高原分布于云南（福贡县、泸水市、贡山独龙族怒族自治县）。我国特有种，分布于云南。

【濒危等级和保护级别】IUCN 红色名录（2022）：数据缺乏（DD）；国家重点保护野生动物名录（2021）：未列入。

黑顶钝头蛇（郭克疾拍摄于云南）

黑顶钝头蛇（左：雄；右：雌）（侯勉拍摄于云南腾冲市）

斜鳞蛇科 **Pseudoxenodontidae** 　 颈斑蛇属*Plagiopholis* Boulenger, 1893

福建颈斑蛇

Plagiopholis styani (Boulenger, 1899)

【英文名】Chinese Mountain Snake

【鉴别特征】体型小；吻短，稍突出。鼻间鳞宽为长的2倍；前额鳞向头侧延伸，与眶前鳞接触；额鳞略呈六边形。无颊鳞；眶前鳞1枚；眶后鳞2枚；颞鳞2+2枚。上唇鳞6（2-2-2）枚；下唇鳞6枚。颔片2对。背鳞15-15-15行，平滑。腹鳞102～122枚；肛鳞完整；尾下鳞21～32对。头背面棕褐色，唇鳞淡黄色；颈背部有1个黑色箭形斑。身体背面棕红色，多数个体背鳞鳞缘黑色，彼此构成黑色网纹；腹面橘红色，两侧有褐色小点。

【生物学信息】卵生。栖息于海拔1200米左右的森林、竹林及其周边；穴居，主要夜间活动。以蚯蚓等为食。

【地理分布】青藏高原分布于四川（彭州市、汶川县、什邡市、绵竹市、茂县）、甘肃（文县）。我国分布于华南、西北和西南地区。国外分布于越南。

【濒危等级和保护级别】IUCN红色名录（2022）：无危（LC）；国家重点保护野生动物名录（2021）：未列入。

福建颈斑蛇（郭鹏拍摄于贵州梵净山）

福建颈斑蛇（郭鹏拍摄于贵州梵净山）

福建颈斑蛇头部侧面观（上左）、头部背面观（上右）和身体腹面观（下）（郭鹏拍摄于贵州梵净山）

斜鳞蛇科 Pseudoxenodontidae　斜鳞蛇属*Pseudoxenodon* Boulenger, 1890

纹尾斜鳞蛇

Pseudoxenodon stejnegeri Barbour, 1908

【英文名】Stejneger's Bamboo Snake

【鉴别特征】体型中等偏大。颊鳞 1 枚；眶前鳞 1 枚；眶后鳞 3 枚；颞鳞 1+2 或 2+2 枚。上唇鳞 7（2-2-3）或 8（3-2-3）枚；下唇鳞 8～10 枚，前 4 或 5 枚与前颔片相接。背鳞 19-17-15 行，除两侧最外数行平滑外，其余具棱；脊鳞两侧数行鳞窄长，斜向排列。腹鳞 135～149 枚；肛鳞二分；尾下鳞 42～66 对。头背面灰褐色，颈背面有 1 个尖端向前的粗大黑色箭形斑，该斑两前缘未镶白边，眼后有 1 条粗纹斜达口角；腹面白色。身体背面中线上有 20 余条近菱形灰黄色斑纹，斑纹在体后段合并，形成位于尾两侧至尾尖的黑褐色纵纹；腹面浅黄白色。

【生物学信息】卵生。栖息于海拔 400～2100 米的山区；常见于山林沼泽地、溪流旁大石下。主要以蛙为食。

【地理分布】青藏高原分布于四川（彭州市）。我国特有种，分布于安徽、福建、广西、贵州、河南、江西、四川、台湾、浙江。

【濒危等级和保护级别】IUCN 红色名录（2022）：无危（LC）；国家重点保护野生动物名录（2021）：未列入。

纹尾斜鳞蛇（李科拍摄于四川青川县）

纹尾斜鳞蛇（郭鹏拍摄于四川青川县）

纹尾斜鳞蛇（郭鹏拍摄于四川青川县）

纹尾斜鳞蛇头部侧面观（上）和身体腹面观（下）
（郭鹏拍摄于四川青川县）

纹尾斜鳞蛇（郭鹏拍摄于浙江）

纹尾斜鳞蛇头部腹面观（左）和背面观（右）（郭鹏拍摄于浙江）

剑蛇科 Sibynophiidae   ▷   剑蛇属 *Sibynophis* Fitzinger, 1843

黑头剑蛇

Sibynophis chinensis (Günther, 1889)

【英文名】Chinese Many-tooth Snake

【鉴别特征】体型小。吻鳞宽大于高；鼻间鳞鳞沟短于前额鳞鳞沟。眶前鳞 1 枚；眶后鳞 2 枚；颞鳞 2+2 或 2+3 枚。上唇鳞 9 枚，第 4～第 6 枚入眶；下唇鳞 8 枚。颔片 2 对。背鳞 17-17-17 行，平滑。腹鳞 168～187 枚；肛鳞二分；尾下鳞 171～208 对。头背面深褐色，两眼间有一黑横斑；颈背有一粗大黑色横斑。身体背面棕褐色，背中线有 1 条黑褐色纵线，部分个体两侧各有 2 条略深的纵纹，止于体后段；腹面浅黄色，部分个体两侧有黑褐色点斑，前后相连成纵纹。

【生物学信息】卵生。栖息于海拔 400～2000 米的山区；常见于石洞中、树丛下。主要以蛙和蜥蜴为食，偶尔捕食蛇。

【地理分布】青藏高原分布于四川（茂县、泸定县、什邡市、绵竹市）、云南（香格里拉市、宁蒗彝族自治县、玉龙纳西族自治县）、甘肃（文县）。我国广泛分布于南部、东部、西南部、西北部。国外分布于越南、老挝、韩国。

【濒危等级和保护级别】IUCN 红色名录（2022）：无危（LC）；国家重点保护野生动物名录（2021）：未列入。

黑头剑蛇（郭鹏拍摄于四川宜宾市）

黑头剑蛇（郭鹏拍摄于四川宜宾市）　　　　　　　黑头剑蛇（郭鹏拍摄于四川茂县）

黑头剑蛇（郭鹏拍摄于四川宜宾市）

剑蛇科 Sibynophiidae　剑蛇属 *Sibynophis* Fitzinger, 1843

黑领剑蛇

Sibynophis collaris (Gray, 1853)

【英文名】Common Many-tooth Snake

【鉴别特征】体型小。吻鳞宽大于高；鼻间鳞鳞沟短于前额鳞鳞沟。颊鳞 1 枚；眶前鳞 1 枚；眶后鳞 2 枚；颞鳞 1+2 枚。上唇鳞 8～10 枚，第 4～第 6 枚入眶；下唇鳞 8 枚。颔片 2 对。背鳞 17-17-17 行，平滑。腹鳞 162～183 枚；肛鳞二分；尾下鳞 44～123 对。头背面褐色，有斑纹，上唇缘有一黄色纵纹；颈背有一黑褐色横斑。身体背面红褐色，有黑点缀连成的脊线至体尾；腹面淡黄色，两侧有黑褐色点斑，前后相连成纵纹。

【生物学信息】卵生。栖息于海拔 1000 米左右的山区；常见于路边和石堆附近。主要以蜥蜴为食。

【地理分布】青藏高原分布于西藏（墨脱县）。我国分布于西藏。国外分布于印度、尼泊尔、不丹、缅甸、泰国、越南、老挝、孟加拉国、柬埔寨、马来西亚。

【濒危等级和保护级别】IUCN 红色名录（2022）：无危（LC）；国家重点保护野生动物名录（2021）：未列入。

黑领剑蛇（蒋珂拍摄于西藏墨脱县）

黑领剑蛇（蒋珂拍摄于西藏墨脱县）

黑领剑蛇（蒋珂拍摄于西藏墨脱县）

黑领剑蛇（蒋珂拍摄于西藏墨脱县）

黑领剑蛇头部背面观（上左）、腹面观（上右）和侧面观（下）（蒋珂拍摄于西藏墨脱县）

盲蛇科 Typhlopidae

东南亚盲蛇属 *Argyrophis* Gray, 1845

大盲蛇

Argyrophis diardii (Schlegel, 1839)

【英文名】Diard's Blind Snake、Large Worm Snake、Indochinese Blind Snake

【鉴别特征】体型小，似蚯蚓；吻部圆形；鼻孔侧向；尾短而圆，尾端尖出成刺。吻鳞大；额鳞小。鼻鳞大，不全裂。上唇鳞4枚，第3和第4枚与眼眶相接。身体整体被覆圆鳞，覆瓦状排列，环体一周22～28行。腹鳞358～360枚；尾下鳞13或14枚。头、体及尾背面棕褐色，有光泽；腹面灰棕色。

【生物学信息】卵胎生。栖息于海拔820～1600米的山区或丘陵；穴居于土壤疏松的环境中，夜晚活动。主要以蜗牛、昆虫等为食。

【地理分布】青藏高原分布于云南（泸水市）。我国分布于云南、海南、台湾。国外分布于巴基斯坦、印度、越南、泰国、尼泊尔、缅甸、老挝、不丹、柬埔寨等。

【濒危等级和保护级别】IUCN 红色名录（2022）：无危（LC）；国家重点保护野生动物名录（2021）：未列入。

大盲蛇（侯勉拍摄于云南芒市）

大盲蛇（任金龙拍摄于云南盈江县）

盲蛇科 Typhlopidae ▶ 印度盲蛇属 *Indotyphlops* Hedges, Marion, Lipp, Marin and Vidal, 2014

🐍 钩盲蛇
Indotyphlops braminus (Daudin, 1803)

【英文名】Flowerpot Snake、Brahminy Blindsnake、Bootlace Snake

【鉴别特征】体型小，呈蚯蚓状；吻端扁圆；鼻孔侧位；尾极短，末端坚硬。吻鳞窄，卵圆形；前额鳞切吻鳞；顶间鳞在4枚顶鳞之间。鼻鳞二分，前鼻鳞小于后鼻鳞，前鼻鳞下缘切第1上唇鳞。眼前鳞位于鼻鳞与眼鳞之间，上缘切眼上鳞，下缘切第2、第3上唇鳞；眼鳞较大，眼隐藏于眼鳞下，但明显可见。上唇鳞4枚，第1枚较小，第2枚较大，第4枚最大；尾下鳞8~14枚。身体被覆大小相似的圆鳞，环体一周20行。腹鳞300~303枚。头部棕褐色。身体背面黑褐色，有金属光泽；腹面色浅。

尾末端颜色较淡。

【生物学信息】卵生，孤雌生殖。栖息于海拔1000米以下的丘陵和山区；穴居于地下、石下或花盆下，夜晚或阴雨白天活动。主要以双翅目昆虫的蛹、蚁类的蛹、幼虫及成虫等为食。

【地理分布】青藏高原分布于云南（泸水市）。我国广泛分布。国外分布于东南亚、南亚及日本等；也引入到美洲、欧洲、大洋洲等。

【濒危等级和保护级别】IUCN红色名录（2022）：无危（LC）；国家重点保护野生动物名录（2021）：未列入。

钩盲蛇（郭鹏拍摄于云南保山市）

钩盲蛇（郭鹏拍摄于云南保山市）

钩盲蛇（郭鹏拍摄于云南保山市）

钩盲蛇（上）及其腹面观（下）（郭鹏拍摄于四川宜宾市）

蝰科Viperidae　　　　　白头蝰属*Azemiops* Boulenger, 1888

黑头蝰
Azemiops feae Boulenger, 1888

【英文名】Fea Viper、Black-headed Burmese Viper

【鉴别特征】体型中等偏大；头大，椭圆形，与颈部区分明显。鼻间鳞宽大于长；额鳞近六角形，前宽后窄。颊鳞1枚；眶前鳞2或3枚；眶后鳞2枚。上唇鳞6枚；下唇鳞8枚。背鳞17-17-15行，平滑。腹鳞168～205枚；肛鳞完整；尾下鳞39～53对。头背面淡棕黑色，额鳞正中有一前窄后宽的浅粉红色纵斑，其后2顶鳞上各有浅粉红色斑；腹面浅棕黑色，杂以白色或灰白色纹。身体及尾背面棕黑色，有成对的橙红色窄横纹，彼此交错；腹面藕荷色，前端有棕色斑。

【生物学信息】卵生。栖息于海拔600～1500米的丘陵或山区；常于晨昏见于草地、路边、甘蔗地、住宅附近。可能以小型哺乳动物为食。

【地理分布】青藏高原分布于四川（宝兴县、泸定县、彭州市、北川羌族自治县）。我国分布于西南地区。国外分布于老挝、缅甸、越南。

【濒危等级和保护级别】IUCN红色名录（2022）：无危（LC）；国家重点保护野生动物名录（2021）：未列入。

黑头蝰（郭鹏拍摄于云南）

黑头蝰（钟光辉拍摄于云南蒙自市）

黑头蝰（郭鹏拍摄于云南）

蝰科Viperidae

亚洲蝮属*Gloydius* Hoge and Romano-Hoge, 1981

若尔盖蝮

Gloydius angusticeps Shi, Yang, Huang, Orlov and Li, 2018

【英文名】Zoige Fu、Zoige Pitviper

【鉴别特征】体型小；头略呈三角形，与颈部区分明显。颊鳞1枚；眶前鳞3枚，第1枚最大，前与颊鳞相接，另外2枚分别构成颊窝上缘和下缘；眶后鳞2枚；颞鳞2+4或2+3枚。上唇鳞7枚，第2枚最小，不构成颊窝前缘，第3枚大，与眼眶接触；下唇鳞9或10枚。背鳞19-21-15行，除两侧最外一行外，其余均起棱。腹鳞148～175枚；肛鳞完整；尾下鳞30～41对。头背面顶鳞两侧有1对圆形斑；头侧有一褐色条纹，自眼后一直延伸至颈部。身体背面灰褐色，有2～4列不连续的黑褐色斑排列在背脊两侧；尾末段淡黄绿色（Shi et al.，2018）。

【生物学信息】卵胎生。栖息于海拔3150～3700米的高山、高原、草甸；常见于靠近石堆的开阔地带。主要以蜥蜴、蛙为食，饲养条件下捕食老鼠。

【地理分布】青藏高原分布于四川（若尔盖县、小金县、红原县）、青海（班玛县）、甘肃（玛曲县）。我国特有种，分布于四川、青海、甘肃。

【濒危等级和保护级别】IUCN红色名录（2022）：未予评估（NE）；国家重点保护野生动物名录（2021）：未列入。

若尔盖蝮（郭鹏拍摄于四川若尔盖县）

若尔盖蝮（郭鹏拍摄于四川若尔盖县）　　　　若尔盖蝮（李科拍摄于四川若尔盖县）

若尔盖蝮（郭鹏拍摄于四川若尔盖县）　　　　若尔盖蝮（郭鹏拍摄于四川若尔盖县）

若尔盖蝮头部背面观（左）、头部侧面观（中）和身体腹面观（右）（郭鹏拍摄于四川若尔盖县）

蝰科Viperidae　　　　亚洲蝮属*Gloydius* Hoge and Romano-Hoge, 1981

短尾蝮

Gloydius brevicaudus (Stejneger, 1907)

【英文名】Short-tailed Pitviper

【鉴别特征】体型小；头略呈三角形。鼻间鳞宽大于长，后外侧缘尖细略向后弯；额鳞和眶上鳞约等长；顶鳞比前两者略长。颊鳞1枚，略呈方形；眶前鳞2枚，上枚明显大于下枚；眶后鳞2或3枚，上枚小，下枚呈新月形。上唇鳞7（2-1-4）枚，个别一侧6或8枚，第1枚与鼻鳞完全分开，第2枚较小，不构成颊窝前缘，第3枚最大且入眶；下唇鳞9～12枚。背鳞21-21-17行，仅中段最外一行平滑或全部起棱。腹鳞134～153枚；肛鳞完整；尾下鳞28～44对。头背面深棕色，枕背有一浅褐色桃形斑，眼后到颈部有一黑褐色纵纹，其上缘镶以乳白色细纹。身体背面色斑变化较大，多呈灰褐色、黄褐色或红褐色，脊背两侧各有1列粗大圆斑，圆斑中央色浅、边缘色深，两列圆斑并列或不同程度交错排列。尾末端背面略呈黄白色。

【生物学信息】卵胎生。栖息于海拔1100米以下的平原、丘陵和低山；常见于灌草丛、乱石堆、稻田、沟渠、耕地、路边等，春秋季多白天活动，炎热夏季多晚上活动。以小鱼、泥鳅、黄鳝、蛙、蜥蜴和鼠等为食，偶尔也捕食其他小型蛇类。

【地理分布】青藏高原分布于四川（都江堰市、绵竹市、什邡市）、甘肃（文县）。我国广泛分布。国外分布于韩国和朝鲜。

【濒危等级和保护级别】IUCN红色名录（2022）：无危（LC）；国家重点保护野生动物名录（2021）：未列入。

短尾蝮（郭鹏拍摄于四川青川县）

短尾蝮（李科拍摄于四川青川县）　　　　　　　短尾蝮（郭鹏拍摄于四川青川县）

短尾蝮（李科拍摄于四川青川县）

蝰科Viperidae

亚洲蝮属*Gloydius* Hoge and Romano-Hoge, 1981

西伯利亚蝮

Gloydius halys (Pallas, 1776)

【英文名】Halys Pitviper、Siberian Pitviper

【鉴别特征】体型小。吻鳞高略大于宽；鼻间鳞形似逗点；额鳞大，前端中间略向前突出，向后渐变为"V"形；顶鳞大，后端不呈截形。前鼻鳞大于后鼻鳞；颊鳞1枚；眶前鳞2枚，下枚构成颊窝上缘；眶后鳞2枚。上唇鳞7～9枚，第2枚较小，第3、第4枚大，第3枚与眼眶接触；下唇鳞10或11枚。背鳞25-23-17行，除最外一行具弱棱或无棱外，其余具棱明显。腹鳞154～183枚；肛鳞完整；尾下鳞32～52对。头部自眼后至口角上方具一宽的暗褐色"眉纹"，上缘白色。身体背面土黄色或沙黄色，具有28～47个边缘色深、中央色浅的褐色横斑。

【生物学信息】卵胎生。栖息于海拔3500米左右的高原草甸；常见于石堆旁。以蜥蜴、鼠、蛙等为食，也食其他蛇、鸟和鸟卵。

【地理分布】青藏高原分布于青海（都兰县、乌兰县）、甘肃（武威市、碌曲县）、四川（若尔盖县）。我国广泛分布。国外分布于俄罗斯、塔吉克斯坦、哈萨克斯坦、吉尔吉斯斯坦、伊朗、蒙古等。

【濒危等级和保护级别】IUCN红色名录（2022）：无危（LC）；国家重点保护野生动物名录（2021）：未列入。

西伯利亚蝮（雌性，郭鹏拍摄于四川若尔盖县）

西伯利亚蝮幼体（郭鹏拍摄于四川若尔盖县）

西伯利亚蝮及其半阴茎（右上）（郭鹏拍摄于甘肃碌曲县）

西伯利亚蝮头部侧面观（左上）、头部背面观（右）和身体腹面观（左下）（郭鹏拍摄于四川若尔盖县）

西伯利亚蝮（郭鹏拍摄于四川若尔盖县）

蝰科Viperidae   亚洲蝮属*Gloydius* Hoge and Romano-Hoge, 1981

澜沧蝮

Gloydius huangi Wang, Ren, Dong, Jiang, Siler and Che, 2019

【英文名】Lancang Plateau Viper

【鉴别特征】体型小；头呈圆形、卵圆形；吻端钝圆，上颌不向前突出。鼻间鳞1对，长方形。鼻鳞二分，前部分较大；颊鳞2枚；眶前鳞3枚；眶后鳞2枚；颞鳞2+3枚。上唇鳞7（2-1-4）枚；下唇鳞10枚，个别一侧9枚，前3枚与颌片相接，第5枚最大。颌片1对。背鳞21-21-15（17）行，无光泽。腹鳞158～174枚；尾下鳞42或43枚。身体背面淡黄褐色、褐色，具2列棕褐色不规则的圆形斑纹，自颈部一直延伸至泄殖腔；腹面灰白色略偏黄，具不规则黑色小斑。尾腹面无斑。半阴茎分叉，具离心式精沟，远端为萼，近端为刺（Wang et al.，2019a）。

【生物学信息】卵胎生，每次产仔5条左右。栖息于海拔3046～3307米的澜沧江干热河谷；常见于有岩石的山坡。

【地理分布】青藏高原分布于西藏（察雅县、芒康县、江达县）。我国特有种，分布于西藏。

【濒危等级和保护级别】IUCN 红色名录（2022）：未予评估（NE）；国家重点保护野生动物名录（2021）：未列入。

澜沧蝮（郭鹏拍摄于西藏察雅县）

澜沧蝮（郭鹏拍摄于西藏察雅县）　　　　　　　　澜沧蝮（郭鹏拍摄于西藏察雅县）

澜沧蝮（王剀拍摄于西藏察雅县）

澜沧蝮头部背面观（左）和身体腹面观（右上：成体；右下：幼体）（郭鹏拍摄于西藏察雅县）

蝰科Viperidae　亚洲蝮属*Gloydius* Hoge and Romano-Hoge, 1981

九寨蝮

Gloydius lateralis Zhang, Shi, Jiang and Shi *in* Zhang, Shi, Li, Yan, Wang, Ding, Du, Plenkovi-Moraj, Jiang and Shi, 2022

【英文名】Jiuzhai Pitviper

【鉴别特征】体型小。上唇鳞 7 枚，偶有 6 或 8 枚，第 2 枚最小，第 4 和第 5 枚最大；下唇鳞 9～11 枚。背鳞一般 21-21-17 行。腹鳞 151～163 枚；肛鳞完整；尾下鳞 38～49 对。头背面灰色，有明显的灰褐色斑；侧面灰色，眶后纹褐色；腹面淡黄色。身体背面浅绿色或淡褐色，具有 4 列不规则排列的深褐色斑；腹面淡黄色，有分散的深色点斑。

【生物学信息】卵胎生，一次产仔 3～10 条。栖息于海拔 2000～2200 米的横断山林区。

【地理分布】青藏高原分布于四川（九寨沟县）。我国特有种，分布于四川。

【濒危等级和保护级别】IUCN 红色名录（2022）：未予评估（NE）；国家重点保护野生动物名录（2021）：未列入。

九寨蝮（郭鹏拍摄于四川九寨沟县）

九寨蝮头部侧面观（上左）、头部背面观（上右）和身体腹面观（下）　九寨蝮（郭鹏拍摄于四川九寨沟县）
（郭鹏拍摄于四川九寨沟县）

九寨蝮（郭鹏拍摄于四川九寨沟县）

蝰科Viperidae
亚洲蝮属*Gloydius* Hoge and Romano-Hoge, 1981

怒江蝮

Gloydius lipipengi Shi, Liu and Malhotra *in* Shi, Liu, Giri, Owens, Santra, Kuttalam, Selvan, Guo and Malhotra, 2021

【英文名】Nujiang Pitviper

【鉴别特征】体型小；头略呈三角形，头部与颈部区分明显；虹膜棕褐色，瞳孔黑色。吻鳞略呈鞍形；吻棱不显。颊鳞2枚，下方的1枚构成颊窝前缘；眶前鳞3枚，最上面1枚略向头背翻起，下面2枚构成颊窝后缘和下缘，第3枚与眼眶不接触；眶后鳞2枚，下方1枚较长；颞鳞2+4枚。上唇鳞7枚，第2枚不入颊窝；下唇鳞10或11枚。背鳞23-21-15行。腹鳞165枚；肛鳞完整；尾下鳞46对。枕部具有1对明显的黑色斑；头部两侧各具一镶黑边的灰褐色条纹，自眼后起一直延伸至颈部腹侧。身体背面淡棕褐色，中段有黑色不规则的横斑（Shi et al.，2021）。

【生物学信息】栖息于怒江下游海拔2900米左右的干热河谷。饲养条件下取食老鼠。

【地理分布】青藏高原分布于西藏（察隅县）。我国特有种，分布于西藏。

【濒危等级和保护级别】IUCN红色名录（2022）：未予评估（NE）；国家重点保护野生动物名录（2021）：未列入。

怒江蝮（史静耸拍摄于西藏察隅县）

| 蝰科Viperidae | 亚洲蝮属*Gloydius* Hoge and Romano-Hoge, 1981 |

雪山蝮

Gloydius monticola (Werner, 1922)

【英文名】Snow Mountain Fu、Likiang Pitviper

【鉴别特征】体型小。吻鳞宽大于高，背面明显可见；鼻间鳞宽略大于长；额鳞长于鼻间鳞与前额鳞之和而短于顶鳞。颊鳞1枚；眶前鳞1或2枚；眶后鳞2枚，最下1枚向下前方延伸至眼下与第3枚上唇鳞接触；颞鳞2+3枚。上唇鳞以6（2-1-3）枚为主，第2枚高，构成颊窝前缘，第3枚一般与眼眶接触；下唇鳞9枚，前3~4枚对切前颏片。颏片1对。背鳞19-19-15行，两侧最外1或2行平滑，其余均为弱棱。腹鳞138~154枚；肛鳞完整；尾下鳞26~45对。头背面有"V"形黑斑；上下唇缘色浅。

身体背面黑色或深灰色，具小的黑斑；腹面灰黑色。

【生物学信息】卵胎生。栖息于海拔3100~4000米的高寒山区；常见于沼泽草甸边的小山坡及路边灌丛下。饲养条件下取食铜蜓蜥和泽陆蛙（杨典成和黄松，2014）。

【地理分布】青藏高原分布于云南（德钦县、香格里拉市、玉龙纳西族自治县）。我国特有种，分布于云南。

【濒危等级和保护级别】IUCN红色名录（2022）：数据缺乏（DD）；国家重点保护野生动物名录（2021）：未列入。

雪山蝮（郭鹏拍摄于云南）

雪山蝮（郭鹏拍摄于云南）

雪山蝮头部侧面观（上）和身体腹面观（下）
（郭鹏拍摄于云南）

雪山蝮头部背面观（左）和侧面观（右）（Andreas Gumprecht 拍摄于云南）

| 蝰科Viperidae | 亚洲蝮属*Gloydius* Hoge and Romano-Hoge, 1981 |

红斑高山蝮

Gloydius rubromaculatus Shi, Li and Liu, 2017

【英文名】Red-spotted Alpine Fu、Red-spotted Alpine Pitviper

【鉴别特征】体型小；头呈卵圆形，头部与颈部分界明显。眶前鳞3枚；眶后鳞2枚；颞鳞2+4枚。上唇鳞7枚，第2枚最小，不与颊窝接触，第3、第4枚最大，第3枚与眼眶接触；下唇鳞10枚，第2对和第3对与颔片接触。颔片1对。背鳞21-21-15行，除最外一行外，其余均起棱。腹鳞146～163枚；肛鳞完整；尾下鳞35～43对。头部眼后有一嵌黑边的黄红色纵纹通过下颞鳞和最后2枚眶上鳞一直延伸至第1对颈斑处。身体背面淡灰黄色，两侧各具1列规则的圆形红色斑，自颈部一直延伸到尾末端。

【生物学信息】卵胎生。栖息于海拔3300～4700米的青藏高原；常见于灌丛、草甸、草丛、乱石堆中。以蛾和高原鼢鼠等为食，饲养条件下取食蛾和小鼠。

【地理分布】青藏高原分布于四川（石渠县）、青海（曲麻莱县）、西藏（江达县）。我国特有种，分布于四川、青海、西藏。

【濒危等级和保护级别】IUCN红色名录（2022）：未予评估（NE）；国家重点保护野生动物名录（2021）：未列入。

红斑高山蝮（郭鹏拍摄于四川石渠县）

红斑高山蝮（史静耸拍摄于青海）

红斑高山蝮（郭鹏拍摄于四川石渠县）

红斑高山蝮头部侧面观（上左）、头部背面观（上右）和身体腹面观（下）（郭鹏拍摄于四川石渠县）

红斑高山蝮幼体（右上示包裹在卵膜中的幼体。郭鹏拍摄于四川石渠县）

蝰科Viperidae	亚洲蝮属*Gloydius* Hoge and Romano-Hoge, 1981

高原蝮

Gloydius strauchi (Bedriaga, 1912)

【英文名】Strauch's Pitviper

【鉴别特征】体型小；头略呈三角形，头背部被覆9枚大鳞。鼻间鳞略呈梯形，后外侧缘较窄；前额鳞近五边形，宽大于长。颊鳞1枚，较大，方形；眶前鳞3枚，上枚最大，中间及最下2枚狭长，分别构成颊窝上缘和下缘；眶后鳞2或3枚，最下1枚新月形，弯向眶下，与第3和第4枚上唇鳞相接；颞鳞2+3枚。上唇鳞7（2-1-4）枚，第1枚与鼻鳞分开，第2枚小，不构成颊窝前缘，第3枚高；下唇鳞9或10枚。颏片1对。背鳞21-21-15行，中段最外1～2行平滑，其余均具棱。腹鳞147～178枚；肛鳞完整；尾下鳞33～44对。头背面灰色，具有深黑色斑；头侧自眼向后至口角上端具1条宽的深色纹。身体背面绿褐色、黄褐色或深棕色，具4列规则排列的深黑色斑，斑纹前后之间常有间断。

【生物学信息】卵胎生。栖息于海拔3400～4000米的高原高山环境；常见于湿地草原、灌丛、石山或草坡乱石堆中、石块下、树干下。主要以小型啮齿动物为食。

【地理分布】青藏高原分布于四川（康定市、理塘县、巴塘县、乡城县、稻城县）。我国特有种，分布于四川。

【濒危等级和保护级别】IUCN红色名录（2022）：无危（LC）；国家重点保护野生动物名录（2021）：未列入。

高原蝮（郭鹏拍摄于四川康定市）

高原蝮（郭鹏拍摄于四川康定市）

高原蝮（郭鹏拍摄于四川康定市）

高原蝮头部侧面观（左上）、头部背面观（左下）和身体腹面观（右）（郭鹏拍摄于四川康定市）

蛭科Viperidae | 亚洲蝮属*Gloydius* Hoge and Romano-Hoge, 1981

冰川蝮

Gloydius swild Shi and Malhotra *in* Shi, Liu, Giri, Owens, Santra, Kuttalam, Selvan, Guo and Malhotra, 2021

【英文名】Glacier Pitviper

【鉴别特征】体型小。眶前鳞3枚；眶后鳞2枚；颞鳞3+5或2+4枚。上唇鳞7枚，第2枚最小，不与颊窝接触，第3枚最高，第4枚最长；下唇鳞10枚，第2～第4枚与颔片相接。颔片1对。背鳞21-21-15行，除最外一行平滑外，其余均具棱。腹鳞168～170枚；肛鳞完整；尾下鳞43～46对。头背面顶鳞处有1对圆形斑，枕部有1对弧形条纹。身体背面深蓝灰色，中部具2列不规则的黑色"X"形或"C"形横斑；侧面无黑斑（Shi et al.，2021）。

【生物学信息】卵胎生。栖息于海拔3000米左右青藏高原或横断山的林区；常见于阳坡面的石上或石下。

【地理分布】青藏高原分布于四川（黑水县）。我国特有种，分布于四川。

【濒危等级和保护级别】IUCN红色名录（2022）：未予评估（NE）；国家重点保护野生动物名录（2021）：未列入。

冰川蝮（郭鹏拍摄于四川黑水县）

冰川蝮（郭鹏拍摄于四川黑水县）　　　　　　　冰川蝮（李科拍摄于四川黑水县）

冰川蝮（郭鹏拍摄于四川黑水县）　　　　　　　冰川蝮（郭鹏拍摄于四川黑水县）

冰川蝮头部背面观（左）、头部侧面观（右上）和身体腹面观（右下）（郭鹏拍摄于四川黑水县）

蝰科Viperidae ▶ 喜山蝮属*Himalayophis* Malhotra and Thorpe, 2004

藏南竹叶青蛇

Himalayophis arunachalensis (Captain, Deepak, Pandit, Bhatt and Athreya, 2019)

【英文名】South Xizang Pitviper

【鉴别特征】体型小。鼻鳞完整；颊鳞2枚，上枚大于下枚；眶前鳞3枚，中间和最下1枚构成颊窝后缘。上唇鳞7枚，第1枚与鼻鳞完全分开，第2枚构成颊窝前缘，第3枚最大，与眼眶被1枚下弯的眶后鳞分隔；下唇鳞8枚。颔片2对，前对小于后对。背鳞19-17-15行，除最外一行具弱棱外，其余均明显起棱。腹鳞145枚；肛鳞完整；尾下鳞51对。头背面褐色，平滑无棱；头侧自颈部有1条白色的腹侧纹向后延伸至尾，前段非常明显。身体及尾背面褐色，有边缘深色的不规则或"Z"形斑；腹面红褐色。半阴茎细长，不分叉，无刺。

【生物学信息】栖息于海拔1900米左右的喜马拉雅山南坡林区。

【地理分布】青藏高原分布于西藏南部。我国分布于西藏。国外分布于印度。

【濒危等级和保护级别】IUCN红色名录（2022）：

未予评估（NE）；国家重点保护野生动物名录（2021）：未列入。

藏南竹叶青蛇（Rohan Pandit 拍摄）

藏南竹叶青蛇（Rohan Pandit 拍摄）

蝰科Viperidae   喜山蝮属*Himalayophis* Malhotra and Thorpe, 2004

🍃 西藏竹叶青蛇

Himalayophis tibetanus (Huang, 1982)

【英文名】Tibetan Pitviper、Tibetan Bamboo Pitviper

【鉴别特征】体型中等偏小；头大，呈三角形，头背部被覆小鳞；眼红色或黄色，瞳孔直立。左右鼻间鳞接触或相隔 1 枚小鳞。颊鳞 1 枚；窝上鳞 2 枚；眶下鳞 1 枚；眶后鳞 1 枚。上唇鳞以 8 或 9 枚为主，第 1 枚与鼻鳞以鳞沟完全分开，第 2 枚高，构成颊窝前缘，第 3 枚最大，第 4 枚位于眼正下方，与眶下鳞相隔 1 排小鳞；下唇鳞 9 枚，第 1 对在颏鳞后相接，前 3 对接颏片。颏片 1 对。背鳞以 23-21-17 行为主。腹鳞 150～161 枚；肛鳞完整；尾下鳞 42～47 对。身体背面颜色变化较大，有绿色、淡绿色、褐色等，正背有若干锈红色不规则斑；腹面淡绿色，散布大的、不规则黑斑。

【生物学信息】卵胎生。栖息于海拔 2060～3200 米的喜马拉雅山南坡山区林中，白天活动。以鸟、鼠等为食。

【地理分布】青藏高原分布于西藏（聂拉木县）。我国分布于西藏。国外分布于尼泊尔。

【濒危等级和保护级别】IUCN 红色名录（2022）：未予评估（NE）；国家重点保护野生动物名录（2021）：未列入。

西藏竹叶青蛇（齐硕拍摄于西藏聂拉木县）

西藏竹叶青蛇（潘虎君拍摄于西藏聂拉木县）

西藏竹叶青蛇（潘硕拍摄于西藏聂拉木县）

西藏竹叶青蛇（Frank Tillack 拍摄于尼泊尔）

蝰科Viperidae　　铁头蛇属*Ovophis* Burger *in* Hoge and Romano-Hoge, 1981

台湾烙铁头蛇

Ovophis makazayazaya (Takahashi, 1922)

【英文名】Taiwan Mountain Pitviper

【鉴别特征】身体粗壮，尾短；头呈三角形，短而宽。鼻间鳞相切或间隔1枚小鳞。鼻鳞大，与窝前鳞相切，偶相间1或2枚小鳞；眶前鳞2枚，上枚与鼻鳞间隔1或2枚鳞片；眶下鳞数枚，较小。上唇鳞8～12枚，第1枚小，第2枚构成或不构成颊窝前缘，第3枚小，第4枚最大，位于眼正下方，与眶下鳞间隔2～3行小鳞；下唇鳞9～12枚，第1对在颏鳞后相切，前2～3枚切颔片。背鳞行数变化较大，以25-23-19行为主，中段11～19行具弱棱。腹鳞131～159枚；肛鳞完整；尾下鳞34～52对。身体背面棕色或浅褐色，正背面有2列略呈方形的深棕色或深黑色块斑，两侧亦各有2列较小的深棕色或黑褐色块斑；腹面浅白色，散布褐色细斑。

【生物学信息】卵生。栖息于海拔300～2200米的山区；常见于灌木丛、草丛、耕地中或枯木下，有时也见于路边，夜间活动。主要取食食虫类与啮齿类哺乳动物。

【地理分布】青藏高原分布于四川（天全县、宝兴县、北川羌族自治县、什邡市、绵竹市、茂县、九寨沟县、汶川县、芦山县、大邑县、彭州市、泸定县、松潘县、都江堰市）、云南（福贡县、维西傈僳族自治县、玉龙纳西族自治县）。我国广泛分布。国外分布于越南。

【濒危等级和保护级别】IUCN红色名录（2022）：无危（LC）；国家重点保护野生动物名录（2021）：未列入。

台湾烙铁头蛇（郭鹏拍摄于云南福贡县）

台湾烙铁头蛇（郭鹏拍摄于云南福贡县）

台湾烙铁头蛇（郭鹏拍摄于云南福贡县）

台湾烙铁头蛇（郭鹏拍摄于四川安州区）

台湾烙铁头蛇（郭鹏拍摄于四川沐川县）

台湾烙铁头蛇头部侧面观（上）和身体腹面观（下）
（郭鹏拍摄于云南福贡县）

台湾烙铁头蛇幼蛇（郭鹏拍摄于四川沐川县）

蝰科Viperidae　铁头蛇属Ovophis Burger *in* Hoge and Romano-Hoge, 1981

山烙铁头蛇

Ovophis monticola (Günther, 1864)

【英文名】Chinese Mountain Pitviper、Mountain Pitviper

【鉴别特征】身体肥硕；头呈三角形，头背部被覆小鳞，光滑；尾短。鼻间鳞大，接触。颊鳞1枚；眶前鳞2或3枚；眶下鳞2或3枚；眶后鳞2或3枚。上唇鳞8枚，第1枚与鼻鳞完全分开，第2枚高，构成颊窝前缘，第3、第4枚位于眼眶下方，与眼眶间隔数枚小鳞；下唇鳞8～10枚。背鳞以23-23-19行为主，弱棱。腹鳞141～162枚；肛鳞二分；尾下鳞37～58对。颈中部具有1个"Y"形黄色或白色斑块。身体背面有2列呈方形的黑色斑块，斑块交错排列或愈合成1个大的四边形斑块；腹面密布褐色点斑。

【生物学信息】卵生。栖息于海拔2000米左右植被较好的林间或林缘。可能以小型哺乳动物为食。

【地理分布】青藏高原分布于西藏（聂拉木县、亚东县）。我国分布于西藏。国外分布于印度、缅甸、尼泊尔、不丹、老挝、越南、泰国、柬埔寨、马来西亚、印度尼西亚。

【濒危等级和保护级别】IUCN红色名录（2022）：无危（LC）；国家重点保护野生动物名录（2021）：未列入。

山烙铁头蛇幼体（齐硕拍摄于西藏聂拉木县）

山烙铁头蛇（Frank Tillack 拍摄于尼泊尔）

山烙铁头蛇（Frank Tillack 拍摄于尼泊尔）

山烙铁头蛇（周正彦拍摄于西藏聂拉木县）

蝰科Viperidae   铁头蛇属Ovophis Burger *in* Hoge and Romano-Hoge, 1981

察隅烙铁头蛇

Ovophis zayuensis (Jiang, 1977)

【英文名】Zayü Pitviper

【鉴别特征】体型中等；头呈三角形，与颈部区分明显，头背部被覆小鳞。左右鼻间鳞相隔2枚鳞片。头侧鼻鳞与窝前鳞相接；窝上鳞2枚，窄长，上下并列于眼前上方；窝下鳞1枚，位于眼前下方；颊鳞1枚，介于鼻鳞与上枚窝上鳞之间；眶后鳞2枚。上唇鳞9（8～12）枚，第1枚较小，与鼻鳞完全分开，第2枚高，构成颊窝前缘，第3枚最大，第4枚位于眼眶正下方，与眶下鳞相隔2行小鳞；下唇鳞10（9～13）枚，第1对被颏鳞分开，不在颏鳞后相接。颏片1对。背鳞以25-23-19行为主，中段除两侧最外一行外，其余均具棱。腹鳞160～176枚；肛鳞完整；尾下鳞43～64枚。头背面及侧面红褐色；腹面浅黄色，散有大小不等的深棕色细点。身体背面颜色变化较大，呈棕褐色、深褐色、黑褐色或砖红色，有2列交错或略平行排列的、近方形的深棕色或黑褐色大斑，有时大斑左右或前后相连，构成城垛状脊纹；腹面乳黄色，散有深棕色细点斑。

【生物学信息】卵生。栖息于海拔1800～2200米的山区；常见于林中、林缘或农田附近，常盘踞在路边落叶堆上或房屋周围废木材下，遇人后逃跑缓慢或盘踞不动。可能以小型兽类为食。

【地理分布】青藏高原分布于西藏（察隅县、墨脱县、巴宜区）、云南（福贡县、泸水市、贡山独龙族怒族自治县）。我国分布于云南和西藏。国外分布于印度和缅甸。

【濒危等级和保护级别】IUCN红色名录（2022）：无危（LC）；国家重点保护野生动物名录（2021）：未列入。

察隅烙铁头蛇（赵蕙拍摄于西藏察隅县）

察隅烙铁头蛇（郭鹏拍摄于西藏巴宜区）

察隅烙铁头蛇（吕顺清拍摄于西藏墨脱县）

察隅烙铁头蛇（郭鹏拍摄于西藏巴宜区）

察隅烙铁头蛇头部背面观（左上）、头部侧面观（左下）和身体腹面观（右）
（赵蕙拍摄于西藏察隅县）

察隅烙铁头蛇（侯勉拍摄于西藏察隅县）

蝰科Viperidae　原矛头蝮属*Protobothrops* Hoge and Romano-Hoge, 1983

喜山原矛头蝮

Protobothrops himalayanus Pan, Chettri, Yang, Jiang, Wang, Zhang and Vogel, 2013

【英文名】Himalayan Pitviper

【鉴别特征】体型中等偏大；头呈明显三角形，与颈部区分明显，头背部被覆形状不规则的小鳞。鼻间鳞接触，并与吻鳞相切。鼻鳞完整，梯形；眶上鳞大而长，2 枚增长的上眶前鳞形成颊窝上缘，1 枚增长的下眶前鳞构成颊窝下缘；颊鳞 1 枚；眶下鳞 1 枚；眶后鳞 2 或 3 枚；颞鳞平滑无棱。上唇鳞 7 或 8 枚，第 2 枚构成颊窝前缘，与鼻鳞间隔 1 枚小鳞，第 3 枚最大，第 3 和第 4 枚与眶下鳞间隔 1 行小鳞；下唇鳞 11～13 枚。背鳞 25-25-19 行，除两侧最外 1 行平滑外，其余具弱棱。腹鳞 198～216 枚；肛鳞完整；尾下鳞 65～76 对。头背部深褐色，侧面黄色，自眼向后通过颞区到下颌下缘有一红褐色的眶后条纹。身体和尾背面橄榄色，分别有约 48 个和 19 个具黑边的红褐色横斑。

【生物学信息】栖息于海拔 1300～2700 米的喜马拉雅山南坡；常于黄昏外出觅食，夜间出现于公路上、农田杂草中，白天躲于农田附近的石头下、草堆里。主要以老鼠、鼩鼱为食。

【地理分布】青藏高原分布于西藏（吉隆县）。我国分布于西藏。国外分布于尼泊尔、不丹、印度。

【濒危等级和保护级别】IUCN 红色名录（2022）：无危（LC）；国家重点保护野生动物名录（2021）：未列入。

喜山原矛头蝮（张亮拍摄于西藏吉隆县）

喜山原矛头蝮（王凯拍摄于西藏吉隆县）

喜山原矛头蝮（齐硕拍摄于西藏吉隆县）

喜山原矛头蝮（张亮拍摄于西藏吉隆县）

喜山原矛头蝮（张亮拍摄于西藏吉隆县）

菜花原矛头蝮

Protobothrops jerdonii (Günther, 1875)

【英文名】Jerdon's Pitviper

【鉴别特征】体型中等；头呈三角形，与颈部区分明显，头背部被覆小鳞。鼻间鳞与吻鳞不接触，鼻间鳞相隔0～3枚小鳞。鼻鳞与第2枚上唇鳞间隔0～3枚小鳞，与窝前鳞相接；颊鳞1枚；窝上鳞2枚，均窄长，窝下鳞1枚，位于眼前下方；眶后鳞1～4枚。上唇鳞6～9枚，第1枚较小，与鼻鳞完全分开，第2枚高，入颊窝构成颊窝前鳞，第3枚最大；下唇鳞8～14枚。身体中段背鳞以21行为主，除最外1或2行平滑外，其余均具棱。腹鳞156～191枚；肛鳞完整；尾下鳞42～75对。身体背面颜色和斑纹变化较大，有黄褐色、红褐色、黑褐色等。

【生物学信息】卵胎生，一次产仔可多达17条。栖息于海拔1350～3160米的山区或高原地区；常见于乱石堆上、灌木下、农耕地、路边草丛，也见于溪沟附近草丛中或枯树枝上。以蛇、鸟、鼠及食虫目动物等为食。

【地理分布】青藏高原分布于西藏（巴宜区、波密县、察隅县、错那市、吉隆县）、四川（宝兴县、康定市、泸定县、冕宁县、绵竹市、什邡市、木里藏族自治县、九寨沟县、彭州市、平武县、石棉县、松潘县、天全县、汶川县、乡城县、马尔康市、金川县、黑水县、北川羌族自治县等）、云南（福贡县、香格里拉市、兰坪白族普米族自治县、泸水市、贡山独龙族怒族自治县）、甘肃（文县）。我国广泛分布。国外分布于尼泊尔、印度、缅甸、越南。

【濒危等级和保护级别】IUCN红色名录（2022）：无危（LC）；国家重点保护野生动物名录（2021）：未列入。

菜花原矛头蝮（郭鹏拍摄于四川九寨沟县）

菜花原矛头蝮（郭鹏拍摄于西藏巴宜区）　　　　菜花原矛头蝮（郭鹏拍摄于四川松潘县）

菜花原矛头蝮（郭鹏拍摄于四川黑水县）　　　　菜花原矛头蝮（郭鹏拍摄于四川金川县）

菜花原矛头蝮幼体（左：郭鹏拍摄于四川九寨沟县；右：郭鹏拍摄于四川宝兴县）

蝰科Viperidae   原矛头蝮属*Protobothrops* Hoge and Romano-Hoge, 1983

缅北原矛头蝮

Protobothrops kaulbacki (Smith, 1940)

【英文名】Kaulback's Lance-headed Pitviper

【鉴别特征】体型中等。颊鳞 1 枚;窝下鳞 1 枚;眶前鳞 2 枚;眶下鳞 1 或 2 枚;眶后鳞 2 或 3 枚。上唇鳞 8 或 9 枚,均不入眶,第 1 枚与鼻鳞完全分开,第 2 枚高,构成颊窝前缘,第 3 枚最大;下唇鳞 12～14 枚。背鳞 25-25-19 行,除最外 1～5 行平滑或具弱棱外,其余具强棱。腹鳞 202～212 枚;肛鳞完整;尾下鳞 80～86 对。头背面深黑色,自吻鳞向后有略呈"人"字形浅色或黄色细纹;头两侧自眼后向后各有一黄色纵纹,在颞部与"人"字形纹相接。身体背面暗绿色 或草绿色,正背有 1 列暗褐色粗大逗点状斑;腹面有黑褐色间杂黄色斑块。尾背面黑色,有黄色横斑。

【生物学信息】卵生。栖息于雅鲁藏布江沿线海拔 2000 余米水源附近的较潮湿和多石块的灌木丛下。可能以小型兽类为食。

【地理分布】青藏高原分布于西藏（巴宜区、墨脱县）、云南（贡山独龙族怒族自治县）。我国分布于西藏和云南。国外分布于缅甸。

【濒危等级和保护级别】IUCN 红色名录（2022）:数据缺乏（DD）;国家重点保护野生动物名录（2021）:未列入。

缅北原矛头蝮（吕顺清拍摄于西藏墨脱县）

缅北原矛头蝮（雌性，丁利拍摄于西藏墨脱县）

缅北原矛头蝮（郭鹏拍摄于西藏巴宜区）

缅北原矛头蝮头部背面观（上左）、腹面观（上右）和侧面观（下）（郭鹏拍摄于西藏巴宜区）

蝰科**Viperidae**　　　　原矛头蝮属*Protobothrops* Hoge and Romano-Hoge, 1983

原矛头蝮

Protobothrops mucrosquamatus (Cantor, 1839)

【英文名】Brown Spotted Pitviper

【鉴别特征】体型中等；头呈明显三角形，头背部被覆小鳞。颊鳞 2 枚；眶前鳞 2 枚，上枚与鼻间鳞相隔 2 枚小鳞；眶下为若干小鳞。上唇鳞 8～13 枚，第 1 枚小，与鼻鳞完全分开，第 2 枚高，构成颊窝前缘，第 3 枚最大，第 4 枚位于眼正下方；下唇鳞12～17 枚。背鳞窄长，末端尖，中段以 25 行为主，除最外侧 1 行平滑外，其余均强棱。腹鳞 193～225枚；肛鳞完整；尾下鳞 67～100 对。头背面棕褐色，有一略呈 "∧" 形的暗褐色斑。身体背面褐色，背脊有 1 列边缘略呈黄色的粗大不规则暗紫褐色斑，斑前后相连或间断；腹面浅褐色，具有若干深棕色斑。

【生物学信息】卵生。栖息于海拔 2200 米以下的平原、丘陵或山区；常见于地势较平坦的竹林、茶山和溪边，也到耕地、住宅附近的草丛活动，主要在傍晚和夜间活动，白天偶见。主要以家鼠、鸟、蛙、蛇及昆虫等为食。

【地理分布】青藏高原分布于云南（香格里拉市、玉龙纳西族自治县）、四川（宝兴县、绵竹市、什邡市、汶川县、茂县、平武县、石棉县、彭州市、都江堰市、大邑县）、甘肃（文县）。我国广泛分布。国外分布于老挝、孟加拉国、越南、缅甸、印度。

【濒危等级和保护级别】IUCN 红色名录（2022）：无危（LC）；国家重点保护野生动物名录（2021）：未列入。

原矛头蝮（郭鹏拍摄于四川青川县）

原矛头蝮（郭鹏拍摄于四川青川县）

原矛头蝮头部侧面观（左）和身体腹面观（右）（郭鹏拍摄）

原矛头蝮幼体（郭鹏拍摄）

原矛头蝮半阴茎（YBU21160，郭鹏拍摄）

蝰科Viperidae ▷ 原矛头蝮属*Protobothrops* Hoge and Romano-Hoge, 1983

乡城原矛头蝮

Protobothrops xiangchengensis (Zhao, Jiang and Huang, 1978)

【英文名】Xiangcheng Pitviper、Kham Plateau Pitviper

【鉴别特征】体型中等偏小；头三角形，吻棱显著。鼻间鳞不相切，间隔1～4枚小鳞。颊鳞2枚；眶后鳞3或4枚。上唇鳞7～10枚，第1枚与鼻鳞分开，第2枚高，构成颊窝前缘，与鼻鳞之间有2～5枚小鳞，第3枚最大，第3和第4枚位于眼眶正下方；下唇鳞11～14枚。背鳞菱形或披针形，行数变化大，中段背鳞以25行为主，中央17行强棱。腹鳞170～193枚；肛鳞完整；尾下鳞44～66对。头背面浅褐色、淡黄色等，具深棕色或浅灰色斑纹；上唇灰白色，颊窝下方有一显著深棕色粗斑；眼后至口角上方有一较宽的深棕色纵纹。身体背面颜色变异较大，两侧各有1或2列三角形或不规则、镶灰边的深棕色斑块；腹部灰白色，后端密布深棕色细点斑。

【生物学信息】卵胎生。栖息于海拔3000米以上的横断山区；常见于草坡灌丛中、乱石中、灌溉渠边阴湿处，主要在白天活动。以老鼠、蜥蜴等为食。

【地理分布】青藏高原分布于四川（巴塘县、九龙县、康定市、乡城县）、云南（德钦县）、西藏（察雅县、芒康县）。我国特有种，分布于四川、云南、西藏。

【濒危等级和保护级别】IUCN红色名录（2022）：无危（LC）；国家重点保护野生动物名录（2021）：未列入。

乡城原矛头蝮（郭鹏拍摄于四川乡城县）

乡城原矛头蝮（郭鹏拍摄于四川九龙县）　　　　乡城原矛头蝮及其身体腹面观（左下）（郭鹏拍摄于四川乡城县）

乡城原矛头蝮（郭鹏拍摄于四川九龙县）

乡城原矛头蝮（郭鹏拍摄于西藏察雅县）

蝰科Viperidae

竹叶青蛇属*Trimeresurus* Lacépède, 1804

🐍 错那竹叶青蛇

Trimeresurus salazar Mirza, Bhosale, Phansalkar, Sawant, Gowande and Patel, 2020

【英文名】Salazar's Pitviper

【鉴别特征】体型中等；头长，呈三角形，头部与颈部区分明显。鼻间鳞1对。眶前鳞2枚；眶下鳞1枚，较长；眶后鳞3枚。上唇鳞11枚，第1枚与鼻鳞愈合，第2枚高，构成颊窝前缘，第3枚最长，第4枚小，与眶下鳞间隔1行小鳞；下唇鳞12或13枚，前3枚与颔片相接。颔片1对，细长。背鳞21-19-15行，除最外一行平滑外，其余中等起棱。腹鳞163～171枚；肛鳞完整；尾下鳞59～74对。头背面深绿色，鼻鳞、上唇鳞及眶前鳞部分呈淡黄色或黄绿色，1条橘红色条纹自眶前鳞后缘通过眼下缘达到颈侧。身体背面黄绿色，体侧最外一列鳞片上部黄色、下部橘红色，前后形成1条自颈部延伸至泄殖腔的双色条纹。头、体及尾前段腹面黄绿色。尾背面焦红色；腹面后部橙色（Mirza et al., 2020）。

【生物学信息】栖息于海拔170米左右的低山地区。

【地理分布】青藏高原分布于西藏南部。我国分布于西藏。国外分布于印度。

【濒危等级和保护级别】IUCN红色名录（2022）：未予评估（NE）；国家重点保护野生动物名录（2021）：未列入。

错那竹叶青蛇（Ashok Kumar Mallik 拍摄）

蝰科Viperidae　　　　　　　　　　绿蝮属*Viridovipera* Malhotra and Thorpe, 2004

墨脱竹叶青蛇

Viridovipera medoensis (Zhao, 1977)

【英文名】Motuo Bamboo Pitviper

【鉴别特征】体型中等偏小。鼻间鳞大，间隔1枚小鳞。颊鳞1枚；眶前鳞3枚，中间及最下1枚分别构成颊窝上缘和下缘；眶下鳞1枚，长而窄；眶后鳞2或3枚，中等大小。上唇鳞7～11枚，以8或9枚为主，第1枚上唇鳞与鼻鳞以鳞沟完全分开，第2枚高，构成颊窝前缘，第3枚最大，第3、第4枚与眶下鳞接触，第5枚与眶下鳞间隔1枚小鳞；下唇鳞9～11枚，以10枚为主，前3枚切颔片。颔片1对。背鳞17-17-13行，弱棱或无棱。腹鳞138～149枚；肛鳞完整；尾下鳞52～65对。头侧眼眶后无纵纹。身体背面草绿色或深绿色，鳞片间皮肤深蓝色；体侧有红白双色纵纹，白色位于上部，红色位于下部，自头后颈部一直延伸至尾部；腹部黄绿色。尾末段背面焦红色。

【生物学信息】可能卵生。栖息于海拔1000～1400米的山区林间；树栖，也常见于路面。以蛙和小型兽类为食。

【地理分布】青藏高原分布于西藏（墨脱县）。我国分布于西藏。国外分布于印度、缅甸。

【濒危等级和保护级别】IUCN红色名录（2022）：数据缺乏（DD）；国家重点保护野生动物名录（2021）：未列入。

墨脱竹叶青蛇（王聿凡拍摄于西藏墨脱县）

墨脱竹叶青蛇（丁利拍摄于西藏墨脱县）

墨脱竹叶青蛇（吴超拍摄于西藏墨脱县）　　墨脱竹叶青蛇头部侧面观（王聿凡拍摄于西藏墨脱县）

墨脱竹叶青蛇（齐硕拍摄于西藏墨脱县）

墨脱竹叶青蛇（丁利拍摄于西藏墨脱县）

蝰科Viperidae | 绿蝮属Viridovipera Malhotra and Thorpe, 2004

福建竹叶青蛇
Viridovipera stejnegeri (Schmidt, 1925)

【英文名】Chinese Green Tree Viper、Stejneger's Bamboo Pitviper

【鉴别特征】体型中等偏小；头大，三角形，头背部被覆小鳞，头侧具颊窝；尾具缠绕性。鼻鳞与第 1 枚上唇鳞完全分开，与颊窝前鳞相隔 1～3 枚小鳞；颊鳞 1 枚；眶前鳞 2～4 枚；眶后鳞 2～5 枚。上唇鳞 8～14 枚，以 9～10 枚为主，第 2 枚构成颊窝前缘，第 3 枚最大；下唇鳞 10～15 枚，前 3 枚接颔片。背鳞 21-21-15 行，两侧最外 1～3 行平滑，其余均具棱。腹鳞 151～177 枚；肛鳞完整；尾下鳞 43～80 对。眼橘红色、黄色，体侧自眼眶后或口角上缘至尾部有 1 条白色、红色或红白相伴的纵纹。身体背部绿色，尾末段背面焦红色。头、体及尾腹面黄白色。

【生物学信息】卵胎生。栖息于海拔 150～2200 米的丘陵或山区；常见于溪边石头上、草丛中、灌丛上，也见于公路上、菜地里、石缝中；主要在傍晚和夜间活动，白天亦可见。以蛙、蝌蚪、蜥蜴、鸟、小型兽类等为食。

【地理分布】青藏高原分布于甘肃（文县）、四川（盐源县、木里藏族自治县）。我国广泛分布。国外分布于越南。

【濒危等级和保护级别】IUCN 红色名录（2022）：无危（LC）；国家重点保护野生动物名录（2021）：未列入。

福建竹叶青蛇（郭鹏拍摄于四川青川县）

福建竹叶青蛇（郭鹏拍摄于四川青川县）

福建竹叶青蛇（郭鹏拍摄于四川合江县）

福建竹叶青蛇（上）及其半阴茎（下）（郭鹏拍摄）

蝰科Viperidae　　　　　　　　　　绿蝮属*Viridovipera* Malhotra and Thorpe, 2004

云南竹叶青蛇

Viridovipera yunnanensis (Schmidt, 1925)

【英文名】Yunnan Bamboo Pitviper

【鉴别特征】头大，三角形，头背部被覆小鳞；眼小，瞳孔直立。鼻间鳞相隔1～4枚小鳞。颊鳞1枚；眶前鳞3枚，较大，中间及最下2枚分别构成颊窝上缘和下缘；眶后鳞2或3枚，最下1枚向前下延至眼下。上唇鳞9～11枚，第1枚较小，与鼻鳞完全分开，第2枚较高，构成颊窝前缘，与鼻鳞接触或间隔1～3枚小鳞，第3枚最大，与眶下鳞相接或间隔1枚小鳞，第4枚位于眼正下方，与眶下鳞相隔1枚小鳞；下唇鳞10～13枚，第1对较大，前3枚接额片。额片1对。背鳞19-19-17行，中段中央17行起棱。腹鳞156～164枚；肛鳞完整；尾下鳞52～71对。雄性眼睛红色，雌性眼睛橘黄色。身体及尾背面纯绿色，尾末端背部淡红色。雄性体侧有1条红白各半的纵纹，雌性则仅有白色纵纹。上唇、头部腹面和体尾腹面黄绿色。

【生物学信息】卵胎生，每次产仔7～11条。栖息于海拔1400～2600米的山区森林和灌草丛中。以鼠、蛙和蜥蜴等为食。

【地理分布】青藏高原分布于云南（福贡县、泸水市、贡山独龙族怒族自治县）。我国分布于四川、云南。国外分布于印度、缅甸。

【濒危等级和保护级别】IUCN红色名录（2022）：无危（LC）；国家重点保护野生动物名录（2021）：未列入。

云南竹叶青蛇（郭鹏拍摄于四川会理市）

云南竹叶青蛇（郭鹏拍摄于四川会理市）

云南竹叶青蛇（钟光辉拍摄于云南腾冲市）

云南竹叶青蛇（郭鹏拍摄于四川会理市）

云南竹叶青蛇幼体（左）和半阴茎（右）（郭鹏拍摄于四川会理市）

闪皮蛇科 **Xenodermidae** 　脊蛇属 *Achalinus* Peters, 1869

🍃 美姑脊蛇

Achalinus meiguensis Hu and Zhao, 1966

【英文名】Szechwan Odd-scaled Snake

【鉴别特征】体型较小，头与颈部区分不明显。吻鳞小，三角形；无鼻间鳞；前额鳞甚长；额鳞五角形。左右鼻鳞在吻鳞后方相切；颊鳞1枚，入眶；无眶前鳞；眶后鳞1枚，极小；颞鳞2+2枚。上唇鳞6（3-2-1）枚，第6枚最大；下唇鳞6枚，第1对在颔鳞后相切。颔片3对。背鳞23-21-21行，除最外一行平滑外，其余具棱。腹鳞146～173枚；肛鳞完整；尾下鳞39～60枚。身体背面蓝紫色，鳞片具金属光泽；腹面略呈土棕色。

【生物学信息】卵生。栖息于海拔1200～2520米的山区常绿阔叶林下；穴居土壤中。主要以蚯蚓为食。

【地理分布】青藏高原分布于四川（汶川县、茂县、北川羌族自治县、宝兴县、天全县、什邡市、绵竹市）。中国特有种，分布于四川、云南。

【濒危等级和保护级别】IUCN红色名录（2022）：无危（LC）；国家重点保护野生动物名录（2021）：未列入。

美姑脊蛇（郭鹏拍摄于四川荥经县）

美姑脊蛇（郭鹏拍摄于四川荥经县）

美姑脊蛇（王广力拍摄于四川安州区）

美姑脊蛇（郭鹏拍摄于四川荥经县）

美姑脊蛇（郭鹏拍摄于四川荥经县）

美姑脊蛇头部背面观（上左）、头部腹面观（上中）、头部侧面观（上右）和身体腹面观（下）（郭鹏拍摄于四川）

黑脊蛇

Achalinus spinalis Peters, 1869

【英文名】Peters' Odd-scaled Snake、Japanese Odd-scaled Snake

【鉴别特征】体型较小,头部与颈部区分不明显。吻鳞小,三角形;鼻间鳞鳞沟短于前额鳞鳞沟。颊鳞 1 枚,入眶;无眶前鳞和眶后鳞;颞鳞 2+2 枚。上唇鳞 6(3-2-1)枚,第 6 枚最大;下唇鳞 5 枚,第 1 对在颏鳞之后相切。颏片 2 对。背鳞 23-23-23 行,全部具棱或仅最外一行平滑。腹鳞 140～176 枚;肛鳞完整;尾下鳞 40～68 枚。身体背面黑褐色,鳞片具有金属光泽;背脊有一深黑色纵纹,从顶鳞后缘延至尾末;腹面颜色浅。

【生物学信息】卵生。栖息于长江沿岸海拔 2000 米以下的山区或丘陵林下;常见于田边、茶山,穴居土壤中,夜间或雨后出来活动。主要以蚯蚓为食。

【地理分布】青藏高原分布于四川(宝兴县、芦山县、康定市、汶川县、茂县、平武县、什邡市、绵竹市、九寨沟县)、甘肃(文县)。我国广泛分布。国外分布于日本、越南。

【濒危等级和保护级别】IUCN 红色名录(2022):无危(LC);国家重点保护野生动物名录(2021):未列入。

黑脊蛇(郭鹏拍摄于四川峨眉山市)

黑脊蛇（郭鹏拍摄于四川峨眉山市）　　　　　　　黑脊蛇（郭鹏拍摄于四川雅安市）

黑脊蛇（郭鹏拍摄于四川雅安市）

主要参考文献

蔡波, 王跃招, 陈跃英, 李家堂. 2015. 中国爬行纲动物分类厘定. 生物多样性, 23(3): 365-382.

车静, 蒋珂, 颜芳, 张亚平. 2020. 西藏两栖爬行动物——多样性与进化. 北京: 科学出版社.

陈泽柠, 陈勤, 唐业忠, 宋昭彬, 徐海根, 丁利. 2018. 四川攀枝花发现贡山链蛇. 动物学杂志, 53(3): 468-471.

郭克疾, 邓学建, 赵冬冬, 熊嘉武, 朱雪林, 陈贵英, 陈顺德. 2018. 中国蛇类新记录属——红鞭蛇属*Platyceps* Blyth, 1860 (Serpentes, Colubridae, Colubrinae). 四川师范大学学报(自然科学版), 41(5): 677-680.

郭克疾, 吴南飞, 舒服, 唐梓钧, 张同, 普布顿珠, 陈顺德, 饶定齐. 2020. 西藏自治区察隅县发现王锦蛇. 四川动物, 39(6): 664-668.

郭鹏, 刘芹, 吴亚勇, 祝非, 钟光辉. 2022. 中国蝮蛇. 北京: 科学出版社.

胡淑琴, 赵尔宓. 1966. 四川爬行动物三新种. 动物分类学报, 3(2): 158-164.

黄坤, 石胜超, 齐银, 武佳韵, 姚忠祎. 2021. 西藏自治区发现贡山白环蛇兼记其半阴茎形态及一新色型. 动物学杂志, 56(3): 367-376.

黄松. 2021. 中国蛇类图鉴. 福州: 海峡出版社.

李丕鹏, 赵尔宓, 董丙君. 2010. 西藏两栖爬行动物多样性. 北京: 科学出版社.

彭丽芳, 杨典成, 黄汝怡, 段双全, 黄松. 2017. 香格里拉温泉蛇卵生繁殖初步报道. 动物学杂志, 52(3): 543-544.

王剀, 任金龙, 陈宏满, 吕植桐, 郭宪光, 蒋珂, 陈进民, 李家堂, 郭鹏, 王英永, 车静. 2020. 中国两栖爬行动物更新名录. 生物多样性, 28(2): 189-218.

杨大同. 2008. 云南两栖爬行动物. 昆明: 云南科技出版社.

杨典成, 黄松. 2014. 雪山蝮产子一例报道. 动物学杂志, 49(6): 912.

姚崇勇, 龚大洁. 2012. 甘肃两栖爬行动物. 兰州: 甘肃科学技术出版社.

张鹏, 袁国映. 2005. 新疆两栖爬行动物. 乌鲁木齐: 新疆科学技术出版社.

张镱锂, 李炳元, 刘林山, 郑度. 2021. 再论青藏高原范围. 地理研究, 40(6): 1543-1553.

赵尔宓. 2003. 四川爬行类原色图鉴. 北京: 中国林业出版社.

赵尔宓. 2006. 中国蛇类(上). 合肥: 安徽科学技术出版社.

赵尔宓, 黄美华, 宗愉, 等. 1998. 中国动物志 爬行纲 第三卷 有鳞目 蛇亚目. 北京: 科学出版社.

赵尔宓, 杨大同. 1997. 横断山区两栖爬行动物. 北京: 科学出版社.

Ahmed M F, Das A, Dutta S K. 2009. Amphibians and Reptiles of Northeast India: A Photographic Guide. Aaranyak, Guwahati.

Ananjeva N B, Milto K D, Barabanov A V, Golynsky E A. 2020. An annotated type catalogue of amphibians and reptiles collected by Nikolay A. Zarudny in Iran and Middle Asia. Zootaxa, 4722(2): 101-128.

Blyth E. 1854. Notices and descriptions of various reptiles, new or little known. Journal of the Asiatic Society of Bengal (Natural History), 23(3): 287-302.

Boulenger G A. 1890. The Fauna of British India, Including Ceylon and Burma. Reptilia and Batrachia. London: Taylor & Francis.

Boulenger G A. 1904. XIV. —Descriptions of new frogs and snakes from Yunnan. Annals and Magazine of Natural History, Series 7, 13(74): 130-134.

Cantor T E. 1836. Sketch of undescribed hooded serpent, with fangs and maxillary teeth. Asiatic Researches, 19(1): 87-94.

Cantor T E. 1839. Spicilegium serpentium indicorum. A. Venomous serpents. Proceedings of the Zoological Society of London, 7(1):

31-34.

Chanard T, Parr J W K, Nabhitabhata J. 2015. A Field Guide to the Reptiles of Thailand. New York: Oxford University Press.

Das I. 2012. A Naturalist's Guide to the Snakes of South-East Asia: Malaysia, Singapore, Thailand, Myanmar, Borneo, Sumatra, Java and Bali. Oxford: John Beaufoy Publishing.

David P, Agarwal I, Athreya R, Mathew R, Vogel G, Mistry V K. 2015. Revalidation of *Natrix clerki* Wall, 1925, an overlooked species in the genus *Amphiesma* Duméril, Bibron & Duméril, 1854 (Squamata: Natricidae). Zootaxa, 3919(2): 375-395.

Eskandarzadeh N, Darvish J, Rastegar-Pouyani E, Ghassemzadeh F. 2013. Reevaluation of the taxonomic status of sand boas of the genus *Eryx* (Daudin, 1803) (Serpentes: Boidae) in northeastern Iran. Turkish Journal of Zoology, 37: 348-356.

Figueroa A, McKelvy A D, Grismer L L, Bell C D, Lailvaux S P. 2016. A species-level phylogeny of extant snakes with description of a new colubrid subfamily and genus. PLoS One, 11(9): e0161070.

Graham R R, Niemiller M L, Revell L J. 2014. Toward a tree-of-life for the boas and pythons: Multilocus species-level phylogeny with unprecedented taxon sampling. Molecular Phylogenetics and Evolution, 71: 201-213.

Grismer L L, Chav T, Neang T, Wood Jr P L, Grismer J L, Youmans T M, Ponce A, Daltry J C, Kaiser H. 2007. The herpetofauna of the Phnom Aural Wildlife Sanctuary and checklist of the herpetofauna of the Cardamom Mountains, Cambodia. Hamadryad, 31: 216-241.

Günther A. 1889. XXIV.—Third contribution to our knowledge of reptiles and fishes from the Upper Yangtsze-Kiang. Annals and Magazine of Natural History, 4(21): 218-229.

Guo K J, Deng X J. 2009. A new species of *Pareas* (Serpentes: Colubridae: Pareatinae) from the Gaoligong Mountains, southwestern China. Zootaxa, 2008(1): 53-60.

Guo P, Liu S Y, Huang S, He M, Sun Z Y, Feng J C, Zhao E M. 2009. Morphological variation in *Thermophis* Malnate (Serpentes: Colubridae), with an expanded description of *T. zhaoermii*. Zootaxa, 1973(1): 51-60.

Guo P, Zhu F, Liu Q, Zhang L, Li J X, Huang Y Y, Pyron R A. 2014. A taxonomic revision of the Asian keelback snakes, genus *Amphiesma* (Serpentes: Colubridae: Natricinae), with description of a new species. Zootaxa, 3873(4): 425-440.

Hedges S B, Marion A B, Lipp K M, Marin J, Vidal N. 2014. A taxonomic framework for typhlopid snakes from the Caribbean and other regions (Reptilia, Squamata). Caribbean Herpetology, 49: 1-61.

Hofmann S. 2012. Population genetic structure and geographic differentiation in the hot spring snake *Thermophis baileyi* (Serpentes, Colubridae): Indications for glacial refuges in southern-central Tibet. Molecular Phylogenetics and Evolution, 63(2): 396-406.

Hofmann S, Fritzsche P, Solhøy T, Dorge T, Miehe G. 2012. Evidence of sex-biased dispersal in *Thermophis baileyi* inferred from microsatellite markers. Herpetologica, 68(4): 514-522.

Hofmann S, Tillack F, Miehe G. 2015. Genetic differentiation among species of the genus *Thermophis* Malnate (Serpentes, Colubridae) and comments on *T. shangrila*. Zootaxa, 4028(1): 102-120.

Huang S, Ding L, Burbrink F T, Yang J, Huang J T, Ling C, Zhang Y P. 2012. A new species of the genus *Elaphe* (Squamata: Colubridae) from Zoige County, Sichuan, China. Asian Herpetological Research, 3(1): 38-45.

Inger R F, Zhao E M, Bradley S H, Wu G F. 1990. Report on a collection of amphibians and reptiles from Sichuan, China. Fieldiana: Zoology (Series 2), 58.

Jiang K, Ren J L, Guo J F, Wang Z, Ding L, Li J T. 2020. A new species of the genus *Dendrelaphis* (Squamata: Colubridae) from Yunnan Province, China, with discussion of the occurrence of *D. cyanochloris* (Wall, 1921) in China. Zootaxa, 4743(1): 1-20.

Khan M S. 2004. Annotated checklist of Amphibians and Reptiles of Pakistan. Asiatic Herpetological Research, 10: 191-201.

Kharin V E. 2011. Rare and little-known snakes of the north-eastern Eurasia. 3. On the taxonomic status of the slender racer *Hierophis spinalis* (Serpentes: Colubridae). Current Studies in Herpetology, 11(3/4): 173-179.

Kluge A G. 1993. *Calabaria* and the phylogeny of erycine snakes. Zoological Journal of the Linnean Society, 107(4): 293-351.

Lesson R P. 1831. Catalogue des Reptiles qui font partie d'une collection zoologique recueille dans l'Inde continentale ou en Afrique, et apportée en France par M. Lamare-Piquot. Bulletin des Sciences Naturelles et de Géologie, Paris, 25(4): 119-123.

Li J N, Liang D, Wang Y Y, Guo P, Huang S, Zhang P. 2020. A large-scale systematic framework of Chinese snakes based on a unified multilocus marker system. Molecular Phylogenetics and Evolution, 148: 106807.

Li M L, Ren J L, Huang, J J, Lyu Z T, Qi S, Jiang K, Wang Y Y, Li J T. 2022. On the validity of *Hebius sauteri maximus* (Malnate, 1962) (Squamata, Natricidae), with the redescription of *H. maximus* comb. nov. and *H. sauteri* (Boulenger, 1909). Herpetozoa, 35: 265-282.

Malhotra A, Dawson K, Guo P, Thorpe R S. 2011. Phylogenetic structure and species boundaries in the mountain pitviper *Ovophis monticola* (Serpentes: Viperidae: Crotalinae) in Asia. Molecular Phylogenetics and Evolution, 59(2): 444-457.

Malnate E V. 1953. The taxonomic status of the Tibetan colubrid snake *Natrix baileyi*. Copeia, 1953(2): 92-96.

McDiarmid R W, Campbell J A, Touré T A. 1999. Snake Species of the World: A Taxonomic and Geographic Reference. Washington, D.C: The Herpetologist's League.

Mirza Z A, Varma V, Campbell P D. 2020. On the systematic status of *Calliophis macclellandi nigriventer* Wall, 1908 (Reptilia: Serpentes: Elapidae). Zootaxa, 4821(1): 105-120.

Murphy R W. 2016. Advances in herpetological research emanating from China. Zoological Research, 37(1): 4-6.

Nguyen T Q, Nguyen T V, Pham C T, Ong A V, Ziegler T. 2018. New records of snakes (Squamata: Serpentes) from Hoa Binh Province, northwestern Vietnam. Bonn Zoological Bulletin, 67(1): 15-24.

Päckert M, Favre A, Schnitzler J, Martens J, Sun Y H, Tietze D T, Hailer F, Michalak I, Strutzenberger P. 2020. "Into and Out of" the Qinghai-Tibet Plateau and the Himalayas: Centers of origin and diversification across five clades of Eurasian montane and alpine passerine birds. Ecology and Evolution, 10: 9283-9300.

Pallas P S. 1773. Reise durch Verschiedene Provinzen des Russischen Reiches. Vol. 2. St. Petersburg: Kayserlichen Academie der Wissenschaften.

Peng L F, Lu C H, Huang S, Guo P, Zhang Y P. 2014. A new species of the genus *Thermophis* (Serpentes: Colubridae) from Shangri-La, northern Yunnan, China, with a proposal for an eclectic rule for species delimitation. Asian Herpetological Research, 5(4): 228-239.

Pham A V, Ziegler T, Nguyen T Q. 2020. New records and an updated checklist of snakes from Son La Province, Vietnam. Biodiversity Data Journal, 8: e52779.

Purkayastha J, David P. 2019. A new species of the snake genus *Hebius* Thompson from Northeast India (Squamata: Natricidae). Zootaxa, 4555(1): 79-90.

Pyron R A, Wallach V. 2014. Systematics of the blindsnakes (Serpentes: Scolecophidia: Typhlopoidea) based on molecular and morphological evidence. Zootaxa, 3829(1): 1-81.

Rao D Q, Zhao E M. *Bungarus bungaroides*, a record new to China (Xizang AR) with a note on *Trimeresurus tibetanus*. 四川动物, 23(3): 213-214.

Reinhardt J T. 1844. Description of a new species of venomous snake, *Elaps macclellandi*. Calcutta Journal of Natural History, and Miscellany of the Arts and Sciences in India, 4: 532-534.

Ren J L, Wang K, Guo P, Wang Y Y, Nguyen T T, Li J T. 2019. On the generic taxonomy of *Opisthotropis balteata* (Cope, 1895) (Squamata: Colubridae: Natricinae): Taxonomic revision of two natricine genera. Asian Herpetological Research, 10(2): 105-128.

Reynolds R G, Henderson R W. 2018. Boas of the world (superfamily Booidae): A checklist with systematic, taxonomic, and conservation assessments. Bulletin of the Museum of Comparative Zoology, 162(1): 1-58.

Schätti, B. 1988. Systematik und evolution der Schlangengattung Hierophis Fitzinger, 1843 (Reptilia, Serpentes). Zurich: Doctoral Dissertation, Universität Zürich.

Schleich H H, Kaštle W. 2002. Field guide to Amphibians and Reptiles of Nepal. A.R.G. Gantner Verlag.

Schulz K D. 1996. A Monograph of the Colubrid Snakes of the Genus *Elaphe* Fitzinger. Koenigstein: Koeltz Scientific Books.

Schulz K D, Böhme W, Tillack F. 2011. Hemipenis morphology of *Coronella bella* Stanley, 1917 with comments on taxonomic and nomenclatural issues of ratsnakes (Squamata: Colubridae: Colubrinae: *Elaphe* Auct.). Russian Journal Herpetology, 18(4): 273-283.

Schulz K D, Helfenberger N, Rao D Q, Cen J. 2000. Eine verkannte colubridenart, *Elaphe bella* (Stanley 1917). Sauria, 22(1): 11-18.

Shi J S, Liu J C, Giri R, Owens J B, Santra V, Kuttalam S, Selvan M, Guo K J, Malhotra A. 2021. Molecular phylogenetic analysis of the genus *Gloydius* (Squamata, Viperidae, Crotalinae), with description of two new alpine species from Qinghai-Tibet Plateau, China. ZooKeys, 1061: 87-108.

Shi J S, Yang D C, Zhang W Y, Peng N F, Orlov N L, Jiang F, Ding L, Hou M, Huang X L, Huang S, Li P P. 2018. A new species of the *Gloydius strauchi* complex (Crotalinae: Viperidae: Serpentes) from Qinghai, Sichuan, and Gansu, China. Russian Journal of Herpetology, 25(2):126-138.

Smart U, Ingrasci M J, Sarker G C, Lalremsanga H, Murphy R W, Ota H, Tu M C, Shouche Y, Orlov N L, Smith E N. 2021. A comprehensive appraisal of evolutionary diversity in venomous Asian coralsnakes of the genus *Sinomicrurus* (Serpentes: Elapidae) using Bayesian coalescent inference and supervised machine learning. Journal of Zoological Systematics and Evolutionary Research, 59: 2212-2277.

Srikanthan A N, Adhikari O D, Mallik K A, Campbell P D, Bhushan B B, Shanker K, Ganesh R S. 2022. Taxonomic revaluation of the *Ahaetulla prasina* (H. Boie in F. Boie, 1827) complex from Northeast India: Resurrection and redescription of *Ahaetulla flavescens* (Wall, 1910) (Reptilia: Serpentes: Colubridae). European Journal of Taxonomy, 839: 120-148.

Takara T. 1962. Studies on the terrestrial snakes in the Ryukyu Archipelago. Science Bulletin of the Agriculture and Home Economics Division, University of the Ryukyus, (9): 1-202.

Tang S Y, Li C L, Li Y L, Li B G. 2021. New records of the endangered Szechwan rat snake, *Euprepiophis perlaceus* (Stejneger, 1929) (Squamata: Colubridae: Coronellini), from Shaanxi, China. Amphibian & Reptile Conservation, 15(2): 23-30 (e279).

Theobald W. 1868. Catalogue of the reptiles of British Birma, embracing the provinces of Pegu, Martaban, and Tenasserim; with descriptions of new or little-known species. Zoological Journal of the Linnean Society, 10: 4-67.

Tillack F. 1999. *Boiga ochracea stoliczkae* (Wall). Sauria, 21(2): 2.

Vogel G, David P, Pauwels O S G, Sumontha M, Norval G, Hendrix R, Vu N T, Ziegler T. 2009. A revision of *Lycodon ruhstrati* (Fischer 1886) auctorum (Squamata Colubridae), with the description of a new species from Thailand and a new subspecies from the Asian mainland. Tropical Zoology, 22: 131-182.

Vogel G, Rooijen J V. 2011. Description of a new species of the genus *Dendrelaphis* Boulenger, 1890 from Myanmar (Squamata: Serpentes: Colubridae). Bonn Zoological Bulletin, 60(1): 17-24.

Wallach V, Williams K L, Boundy J. 2014. Snakes of the World: A Catalogue of Living and Extinct Species. Boca Raton: CRC Press.

Wang K, Jiang K, Jin J Q, Liu X, Che J. 2019b. Confirmation of *Trachischium guentheri* (Serpentes: Colubridae) from Tibet, China, with description of Tibetan *T. monticola*. Zootaxa, 4688(1): 101-110.

Wang K, Ren J L, Dong W J, Jiang K, Shi J S, Siler C. D, Che J. 2019a. A new species of plateau pit viper (Reptilia: Serpentes: *Gloydius*) from the Upper Lancang Valley in the Hengduan Mountain Region, Tibet, China. Journal of Herpetology, 53(3): 224-236.

Wang K, Yu Z B, Vogel G, Che J. 2021. Contribution to the taxonomy of the genus *Lycodon* H. Boie in Fitzinger, 1827 (Reptilia:

Squamata: Colubridae) in China, with description of two new species and resurrection and elevation of *Dinodon septentrionale chapaense* Angel, Bourret, 1933. Zoological Research, 42(1): 62-86.

Whitaker R, Captain A. 2004. Snakes of India: The Field Guide. India: Draco Books.

Zarrintab M, Milto K D, Eskandarzadeh N, Zangi B, Jahan M, Kami H G, Rastegar-Pouyani N, Rastegar-Pouyani E, Rajabizadeh M. 2017. Taxonomy and distribution of sand boas of the genus *Eryx* Daudin, 1803 (Serpentes: Erycidae) in Iran. Zoology in the Middle East,63(1): 1-13.

附表　我国青藏高原区域范围

省、自治区	市、州	县、区
西藏自治区	拉萨市	城关区、堆龙德庆区、达孜区、林周县、当雄县、尼木县、曲水县、墨竹工卡县
	那曲市	色尼区、安多县、聂荣县、比如县、嘉黎县、索县、巴青县、申扎县、班戈县、尼玛县、双湖县
	昌都市	卡若区、江达县、贡觉县、类乌齐县、丁青县、察雅县、八宿县、左贡县、芒康县、洛隆县、边坝县
	山南市	乃东区、扎囊县、贡嘎县、桑日县、琼结县、曲松县、措美县、洛扎县、加查县、隆子县、错那市、浪卡子县
	日喀则市	桑珠孜区、江孜县、白朗县、拉孜县、萨迦县、岗巴县、定结县、定日县、聂拉木县、康马县、亚东县、仁布县、南木林县、谢通门县、吉隆县、昂仁县、萨嘎县、仲巴县
	阿里地区	噶尔县、普兰县、札达县、日土县、革吉县、改则县、措勤县
	林芝市	巴宜区、工布江达县、米林市、墨脱县、波密县、察隅县、朗县
青海省	西宁市	城中区、城东区、城西区、城北区、湟中区、湟源县、大通回族土族自治县
	海东市	乐都区、平安区、互助土族自治县、化隆回族自治县、循化撒拉族自治县、民和回族土族自治县
	海北藏族自治州	海晏县、祁连县、刚察县、门源回族自治县
	黄南藏族自治州	同仁市、泽库县、尖扎县、河南蒙古族自治县
	海南藏族自治州	共和县、同德县、贵德县、兴海县、贵南县
	果洛藏族自治州	玛沁县、班玛县、甘德县、达日县、久治县、玛多县
	玉树藏族自治州	玉树市、杂多县、称多县、治多县、囊谦县、曲麻莱县
	海西蒙古族藏族自治州	德令哈市、格尔木市、乌兰县、天峻县、都兰县、茫崖市
甘肃省	甘南藏族自治州	临潭县、卓尼县、迭部县、舟曲县、夏河县、玛曲县、碌曲县、合作市
	临夏回族自治州	临夏县、和政县、康乐县、积石山保安族东乡族撒拉族自治县
	陇南市	文县、宕昌县
	酒泉市	玉门市、肃北蒙古族自治县、阿克塞哈萨克族自治县、瓜州县、肃州区
	张掖市	高台县、山丹县、民乐县、肃南裕固族自治县
	武威市	古浪县、天祝藏族自治县
	定西市	岷县
	兰州市	红古区、永登县

省、自治区	市、州	县、区
云南省	大理白族自治州	剑川县、云龙县
	迪庆藏族自治州	德钦县、香格里拉市、维西傈僳族自治县
	丽江市	古城区、宁蒗彝族自治县、玉龙纳西族自治县
	怒江傈僳族自治州	福贡县、兰坪白族普米族自治县、泸水市、贡山独龙族怒族自治县
新疆维吾尔自治区	克孜勒苏柯尔克孜自治州	阿克陶县、乌恰县
	喀什地区	塔什库尔干塔吉克自治县、莎车县、叶城县
	和田地区	墨玉县、洛浦县、策勒县、皮山县、于田县、民丰县、和田县
	巴音郭楞蒙古自治州	若羌县、且末县
四川省	甘孜藏族自治州	康定市、泸定县、丹巴县、九龙县、雅江县、道孚县、炉霍县、甘孜县、新龙县、德格县、白玉县、石渠县、色达县、理塘县、巴塘县、乡城县、稻城县、得荣县
	阿坝藏族羌族自治州	马尔康市、金川县、小金县、阿坝县、若尔盖县、红原县、壤塘县、汶川县、理县、茂县、松潘县、九寨沟县、黑水县
	凉山彝族自治州	木里藏族自治县、冕宁县、盐源县、西昌市
	雅安市	芦山县、天全县、石棉县、宝兴县
	绵阳市	北川羌族自治县、平武县
	德阳市	绵竹市、什邡市
	成都市	彭州市、都江堰市、大邑县、崇州市
	攀枝花市	盐边县

中文名索引

拉丁名索引